普通高等教育公共基础课系列教材·计算机类

C 语言程序设计

英昌盛　谭振江　李　昊　编著

科学出版社

北　京

内 容 简 介

本书是为程序设计初学者量身定制的入门教程，内容安排由简到繁、由易到难，采取"基础优先""问题驱动""实践导向"的方式对C语言的语法特性、应用场景和典型算法进行阐述。本书内容覆盖了程序设计必备的计算机基础知识、程序设计的基本控制结构、函数、数组、字符串、指针和文件处理等方面，旨在帮助读者全面掌握程序设计的基础知识、基本理论和基本技能，帮助读者灵活运用这些知识和技能解决实际问题。

本书可作为普通高等学校、高职高专院校计算机、信息技术及相关专业程序设计课程的教学用书，也可作为从事程序设计与开发工作的各类人员或计算机等级考试/水平考试备考者的参考书。

图书在版编目（CIP）数据

C语言程序设计 / 英昌盛，谭振江，李昊编著. —北京：科学出版社，2022.11

（普通高等教育公共基础课系列教材·计算机类）

ISBN 978-7-03-072925-5

Ⅰ. ①C… Ⅱ. ①英…②谭…③李… Ⅲ. ①C语言-程序设计-高等学校-教材 Ⅳ. ①TP312.8

中国版本图书馆 CIP 数据核字（2022）第 149703 号

责任编辑：吴超莉 戴 薇 / 责任校对：马英菊
责任印制：吕春珉 / 封面设计：东方人华平面设计部

科 学 出 版 社 出版

北京东黄城根北街 16 号
邮政编码：100717
http://www.sciencep.com

北京九州迅驰传媒文化有限公司 印刷

科学出版社发行 各地新华书店经销

*

2022 年 11 月第 一 版 开本：787×1092 1/16
2022 年 11 月第一次印刷 印张：14 3/4
字数：350 000

定价：48.00 元

（如有印装质量问题，我社负责调换〈九州迅驰〉）

销售部电话 010-62136230 编辑部电话 010-62135763-2041

前　言

作为一种从诞生之初就备受欢迎的程序设计语言，C 语言具有自由度高、灵活性强、结构简洁清晰、功能丰富、代码质量高、可移植性好等诸多优点，C++、C#、Java、Python 等主流编程语言都与 C 语言密切相关。C 语言既具有高级语言的优点，又兼具某些低级语言的特性，代码执行效率高，适合编写系统软件和图形图像处理程序、网络程序、通信程序等应用软件。

本书强调学习过程的认知规律性、内容的整体性和一致性，在知识脉络和章节内容安排上，依据认知规律设计知识成长线，运用图表等视觉元素对基本原理和操作过程进行分解，按照由浅入深、循序渐进和深度剖析的思路构建本书的体系结构。本书将关系运算符和逻辑运算符作为分支控制结构的前置条件，将字符串及相关操作函数的使用放到数组一章（第 6 章）进行阐述。本书教学内容整体上分为 10 章，各章主要内容如下。

第 1 章主要讲述程序设计所需具备的基础知识，包括计算机硬件基础知识、数据的抽象与三级存储体系、程序设计语言、C 语言的发展历史和 C 语言程序的结构特征。

第 2 章主要讲述程序设计基础知识，包括数制、整数和浮点数、常量和变量、赋值表达式、输入/输出及算术运算符。

第 3 章主要讲述分支控制结构，包括复合语句，关系运算符和关系表达式，逻辑运算符和逻辑表达式，位运算，单分支、双分支及多分支选择结构。

第 4 章主要讲述循环控制结构，包括 while、do…while 和 for 循环控制结构，break 和 continue 等跳转语句及嵌套循环程序的设计和分析。

第 5 章主要讲述函数，包括函数的定义、声明和调用，函数的嵌套调用和递归函数，变量的作用域和存储类型。

第 6 章主要讲述数组，包括一维数组、二维数组、字符数组和字符串处理函数、数组作函数参数。

第 7 章主要讲述指针，包括指针变量的基础知识、一维数组和指针、二维数组和指针及函数指针。

第 8 章主要讲述编译预处理，包括宏定义、文件包含和条件编译。

第 9 章主要讲述结构体和共用体，包括结构体变量的定义和使用、结构体数组、指向结构体的指针、共用体和枚举、使用 typedef 定义类型及应用举例。

第 10 章主要讲述文件处理，包括文件的基础知识、文件的打开和关闭、文件的读写及文件处理函数。

附录 A 列出了 ASCII 表，附录 B 列出了 C 语言运算符的优先级及结合性。

本书中所有示例及程序设计练习的源代码均在 Visual C++ 2010 环境下调试通过。与本书配套的教学资源（教学课件、示例源代码和程序设计练习源代码）可以从 http://www.abook.cn 下载。另外，为了节约篇幅，在不影响阅读的前提下，本书对部分示例代码进行了缩排。

本书由吉林师范大学教材出版基金资助。具体分工如下：第 1~2 章由李昊编写，第 3~9 章由英昌盛编写，第 10 章及附录由谭振江编写。全书由英昌盛策划、统稿，由谭振江审校。

由于作者水平有限，书中难免存在不足之处，真诚希望能得到广大读者朋友的批评指正。

目　录

第1章 C 语言概论

计算机是由硬件和软件构成的一个完整系统,硬件系统和软件系统协同完成数据处理任务。计算机硬件系统是支撑计算机软件系统的实体基础,计算机软件系统是用户与计算机之间进行交互的接口与媒介。硬件系统相当于计算机的"躯体",软件系统相当于计算机的"灵魂",二者相辅相成、不可分割。计算机硬件技术的进步奠定了软件发展的基础,使计算机软件可以提供更强大的功能;计算机软件的发展也为计算机硬件的进步提供了契机。因此,在掌握一定计算机软硬件基础知识的前提下,只有了解 C 语言的发展历程、特色和优势及应用场景,才会理解 C 语言作为首选编程语言的内在原因,才能运用 C 语言编写程序以解决实际问题。

1.1 计算机基础知识

计算机硬件是计算机系统中所有实体部件的统称,包括中央处理器(central processing unit,CPU)、内部存储器、外部存储器、输入设备、输出设备和通信设备等。各个部件之间通过主板连接在一起,通过电源提供动力。硬件系统连接示意如图 1-1 所示。

将各个部件置于主机箱中相应位置,固定并连接好之后接通电源,计算机才算真正"活"起来。当安装完操作系统等系统软件,再安装好与业务需求相关的应用软件之后,计算机才真正具备了为用户处理数据和解决问题的能力。

1.1.1 CPU

CPU 是计算机的"大脑",负责从内存中读取指令并执行,是计算机系统的运算和控制核心,计算机中绝大部分工作需要由 CPU 来处理。CPU 通常由控制单元和算术逻辑部件(arithmetic logic unit,ALU)构成。控制单元负责控制和协调各个部件,是控制指挥中心,由指令寄存器、程序计数器和操作控制器三个部件组成。ALU 的功能是完成算术运算和逻辑运算。

图 1-1　硬件系统连接示意

CPU 基于单晶硅制造，从电子管到晶体管再到大规模集成电路，制程越来越小，集成度越来越高，处理能力也越来越强，在几百平方毫米的芯片上集成了上亿的晶体管。例如，Intel 公司生产的 i7-4770K CPU 制程为 22nm，拥有 4 核心，集成了约 14 亿个晶体管，芯片尺寸约为 37.5mm×37.5mm，其外观及局部放大图如图 1-2 所示。

（a）外观　　　　　　　　（b）局部放大图

图 1-2　Intel i7-4770K CPU 外观及局部放大图

衡量 CPU 的重要指标是时钟频率，单位为赫兹（Hz）。生产商一直在致力于提高 CPU 的时钟频率，早期 Intel 8086 处理器的时钟频率为 4.77MHz，Intel 的 i7 4770K 处理器的单核心时钟频率达到了 3.5GHz。常用的时钟频率分别为赫兹、千赫兹（kHz）、兆赫兹（MHz）和吉赫兹（GHz），各单位之间的换算关系为 1kHz=1000Hz、1MHz=1000kHz、1GHz=1000MHz。

1.1.2　内部存储器

内部存储器由随机存储器（random access memory，RAM）和只读存储器（read only memory，ROM）构成。随机存储器通常简称为内存，用于临时存储程序运行时相关的指令和数据，是 CPU 与硬盘等外部存储设备进行沟通的桥梁，相当于"办公桌"。指令和数据在计算机中以二进制形式进行存储，二进制的基数为 2，数值只能取 0 或 1。RAM 在硬件上由各种门电路构成的元器件实现，一个元器件能够表示 0 或 1 两种状态，称为 1bit（也称位，用小写字母 b 表示）。为了提高数据存取效率，以 8bit 为一组（又称字节，Byte）对数据进行存取与传输。字节是计算机中表示数据大小的基本单位，通常用大写字母 B 表示。

1. 常用存储单位

除了字节外，计算机中还常用 KB、MB、GB、TB 等表示数据大小的计量单位，这些单位以倍数 2^{10}=1024 依次递增，具体换算关系如下：

$$1B = 8bit$$
$$1KB = 1024B = 2^{10}B$$
$$1MB = 1024KB = 2^{20}B$$
$$1GB = 1024MB = 2^{30}B$$
$$1TB = 1024GB = 2^{40}B$$
$$1PB = 1024TB = 2^{50}B$$
$$1EB = 1024PB = 2^{60}B$$

字也称为字长，是处理器在一次操作中可以处理的最大数据量，即能够一次操作的二进制数位的最大长度。字长反映了一台计算机的计算精度，决定了虚拟地址空间的最大值。对于 32 位字长的计算机系统而言，字长限制了其虚拟地址空间为 $2^{32}B$=4GB。

2. 常用字符编码

数据可以采用不同的编码方式编码成单个字节或多个字节进行存储，最常用的编码方式为 ASCII（American Standard Code for Information Interchange，美国标准信息交换代码）编码。ASCII 编码是基于拉丁字母的编码系统，是现今通用的单字节编码系统，主要用于英文字符编码。ASCII 编码将字符集中的每个字符映射为一个数字，0~31 和

127 是控制字符或通信专用字符；32～126 是字符编码，其中 48～57 为阿拉伯数字 0～9，65～90 为 26 个英文大写字母，97～122 为 26 个英文小写字母，其余为标点符号及运算符号等字符的编码。ASCII 编码使用一个字节进行编码，最高位用作奇偶检验位。

当使用计算机处理中文时，就涉及中文字符的编码问题。常用的汉字编码方案包括 GB 2312 和 GBK 等。GB 2312 使用 2 字节进行编码，字符集中收录了 6763 个常用汉字及 682 个特殊符号。GB 2312 编码（也称区位码）对汉字采取分区编码方式，使用 94×94 的方阵表示整个字符集，方阵中每一行称为一个区，每一列称为一个位，编号变化范围均为 01～94。为了兼容 ASCII 编码，GB 2312 采用双字节进行编码，第一字节称为高字节，对应区码；第二字节称为低字节，对应位码，存储编码时需要将高字节中的 01～87 分区和低字节中的 01～94 分区的区号加上 0xA0。例如，汉字"啊"的区位码为 1601（区号为 16，位号为 01），存储时高字节为 16 + 0xA0 = 0xB0，低字节为 01 + 0xA0 = 0xA1，其 GB 2312 编码为 0xB0A1。

其他常用的字符编码方案还包括 GB 18030、UTF8、ANSI 和 Latin1 等，但无论采用哪种编码方式，都要转换为二进制补码在计算机内部进行存储。

3. 内存的线性编址

作为 CPU 与外部存储器间的协调者，内存的根本功能是存储程序运行期间的指令和数据，并根据需求对之进行随机存取。对内存中的指令和数据进行存取时，既需要指定开始操作的内存位置，又需要指定待存取的字节数。为了能够唯一标识内存中的每一个字节，需要给每个字节一个唯一的标识（能够标识内存中全部存储空间的各个字节，且各标识间不会重复），该唯一标识称为地址。线性编址是将所有内存中的字节在逻辑上看作一个"字节串"，为"字节串"中的每个字节从小到大分配一个唯一序号作为标识。假设当前计算机系统为 32 位，采用 4 字节对内存进行线性编址，地址范围为 0x00000000～0xFFFFFFFF（十六进制，每个数位为 4bit，共 32bit），内存中的第一个字节地址为 0x00000000，第二个字节地址为 0x00000001，依此类推，直至最后一个字节编址完毕。

1.1.3 外部存储器

计算机中，内存通常是指动态随机存储内存（dynamic random access memory，DRAM）。由于其物理特性限制，DRAM 必须有额外的电路进行定时刷新才能保持数据。因此，内存中的数据无法长久保存，当计算机断电后数据就会丢失。为了能够持久保存代码和数据，需要使用外部存储器。外部存储器为非易失性存储设备，计算机需要处理数据时，将数据从外部存储器传输到内存中进行处理，处理完毕后再将数据保存回外部存储器。外部存储器根据其存储介质可分为磁介质存储器、光介质存储器和闪存存储器（FLASH）等几类。

1. 磁介质存储器

磁介质存储器包括软磁盘（简称软盘）、磁带和硬磁盘（简称硬盘），如图 1-3 所示。软盘容量非常小，在计算机发展初期使用，现在几近绝迹。磁带是冷数据（冷数据是很少被访问的归档数据，热数据是需要被频繁访问的数据）最理想的存储介质，具有成本低、数据存储时间长等优点，通常作为备份设备使用。硬盘具有存储空间大、价格低、使用寿命长等优点，在个人计算机存储领域占主导地位。

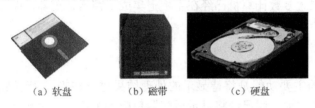

（a）软盘　　　　　（b）磁带　　　　（c）硬盘

图 1-3　常用磁介质存储器

2. 光介质存储器

光介质存储器是指以光作为媒介进行信息存储的存储器，具有价格便宜、容量大及可长期保存等优点，包括不可擦写光盘（CD-ROM、DVD-ROM、BD-ROM 等）和可擦写光盘（CD-RW、DVD-RW、BD-RW 等）两大类。

3. 闪存存储器

闪存存储器是电可擦写可编程只读存储器（electrically erasable programmable read-only memory，EEPROM）的变体，能在块存储单位中进行删除和修改，具有功耗小、读写速度快和便携等优点。U 盘、SD 卡、TF 卡、固态硬盘等都是闪存存储器。

1.1.4　输入/输出设备

使用计算机处理数据时，涉及数据的输入及输出，需要用到输入设备和输出设备。

1. 输入设备

输入设备用于将不同类型的原始数据（含指令）输入计算机中，是用户与计算机进行信息交互的主要装置。常用的输入设备包括键盘、鼠标、扫描仪、读卡器、手写板、摄像头及传声器等，其中键盘和鼠标最为常用。

2. 输出设备

输出设备用于将数据处理的结果以字符、声音、图像等形式呈现给用户。常用的输出设备包括显示器、打印机、绘图仪等，其中显示器和打印机最为常用。

1.1.5 其他设备

除了前述部件之外，计算机还需要声音设备、显示设备和网络设备才能更好地工作。

1. 声音设备

声音适配器是计算机多媒体系统中最基本的组成部分，能够实现声音与数字信号间的相互转换。现在大多数计算机已经在主板上集成了声音适配器，在无特殊需求的情况下无须额外购买声音适配器。

2. 显示设备

显示适配器的主要功能是将待显示的处理结果进行转换，驱动显示设备输出字符、图形或图像。许多主板厂商已经将显示适配器集成到主板上，对于无高端要求的办公应用场景，使用带集成显卡的主板是经济实惠之选。

3. 网络设备

常用的网络设备包括网络适配器（也称网卡）、集线器、交换机、路由器及调制/解调器等。绝大多数主板厂商已经将网络适配器集成到主板上，笔记本电脑的主板还会集成无线网卡，对无特殊需求的家庭用户而言，只需将计算机通过有线或无线方式与路由器连接后，通过网络服务提供商的服务便可访问互联网。

1.1.6 总线

计算机各个功能部件通过主板连接构成一个整体，各部件之间的信息传送需要通过总线完成。以信息的种类作为划分依据，总线一般可分为数据总线、地址总线和控制总线三大类。其中，数据总线负责传送待处理的数据，地址总线用来指定数据在内存中的存储地址，控制总线则将控制信号传送到各个部件。

主板上，北桥芯片和南桥芯片是两个极为重要的芯片。以 CPU 位置作为参照，北桥芯片靠近 CPU，主要负责与 CPU 的联系并控制内存和 PCI-E 相关的数据传输；南桥芯片负责 PCI、USB、LAN、ATA 等 I/O 总线之间的通信。

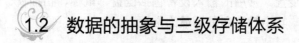

1.2 数据的抽象与三级存储体系

1.2.1 数据的抽象

将现实世界的数据经由计算机加工和处理后再以适当的方式呈现处理结果，需要经历多次抽象和分层处理。以拍摄汽车图片为例,从现实世界的汽车到最后计算机输出的汽车图片经历了以下抽象和分层处理过程。

1. 从现实世界数据获取到二维亮度和色彩信息的表示——第一次抽象

在现实世界中,汽车有尺寸、外观、动力及操控等多种属性和行为特征,计算机无法直接对汽车进行加工和处理来获得照片。因此,只能通过数码相机等数字成像设备对现实世界中的汽车进行抽象,将三维空间中汽车的"不重要"信息压缩,转换为数码相机能够表示的二维方式来呈现。

数码相机能够拍摄照片的关键是基于 CCD/CMOS 等成像芯片的光电效应。CCD/CMOS 芯片可以获得入射光的光谱信息及其强弱变化,但却无法表示空间信息、事物的行为特性及其他信息。因此,数码相机成像时只能舍弃这些信息,将三维压缩到二维,用芯片上获取的亮度和光谱特征表示一个汽车的信息,这是第一次抽象。

2. 从相机输入计算机——第二次抽象

将数码相机获取的带有亮度和颜色的二维信息输入计算机时,涉及用何种数据结构对之进行描述和存储,这是第二次抽象。在计算机中,可能会使用一个颜色索引表、一个与亮度信息匹配的多维数组及一些附加的数据结构来表示数码相机获得的原始图像信息。在计算机中,不同的图像格式需要使用不同的数据结构进行表征。

3. 数据在计算机中存储——第三次抽象

经过图像格式编码后就获得了汽车原始图像信息,要将图像数据存储到计算机中,还需要经历从图像信息到计算机内部存储的第三次抽象。无论数据采用何种编码方式,在计算机中都需要使用二进制补码形式存储数据。

4. 数据的加工和处理

保存在计算机中的汽车原始图像数据还需要经过亮度调节、尺寸缩放、空间旋转、其他线性或非线性编辑操作及后期处理才能达到预期效果。

5. 加工后数据的呈现

经过计算机加工和处理后的汽车图片可以在显示器上呈现给用户,也可以经过打印机或绘图仪输出后呈现给用户。

至此,数据才完成了从现实世界到计算机世界再到现实世界的抽象和分层处理过程,原始数据和处理后的数据具有了完全不同的特征。

1.2.2 三级存储体系

计算机系统中与存储相关的部件包括高速缓存、随机存储器和外部存储器三个部分。计算机中绝大多数的任务需要 CPU 进行处理，CPU 的处理速度越快，价格越高。为了实现程序和数据的持久保存，需要将之保存到硬盘等外部存储设备中，这些设备容量大、价格低，但速度慢的缺点也非常明显。为了缓解 CPU 与外部存储器之间的速度差异问题，引入了随机存储器作为存储体系的第二级，其速度、价格、容量介于 CPU 与外部存储器之间，在一定程度上缓解了速度差异导致的性能瓶颈问题。类似地，为了缓解随机存储器与 CPU 之间速度不匹配的问题，在 CPU 内部集成了高速缓存，其速度接近 CPU。除了上述三部分内容之外，还有 CPU 内部的寄存器，高速缓存也有一级高速缓存、二级高速缓存和三级高速缓存之分。图 1-4 给出了存储器的层次结构。

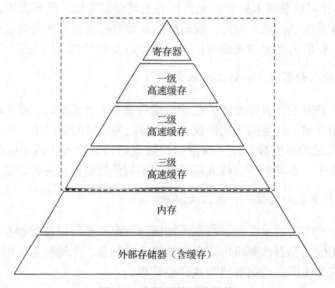

图 1-4　存储器的层次结构

为了简化问题分析，只采用高速缓存、内存和外存三级存储体系对计算机中程序的处理过程进行描述。执行程序或进行数据处理时，需要先将程序或数据加载到内存，再将之由内存调入高速缓存，然后由 CPU 执行或处理；当 CPU 执行或处理完毕后，将结果经由高速缓存写回内存，再将内存中的数据保存到硬盘等外部存储设备中。三级存储体系结构如图 1-5 所示。在三级存储体系中进行数据处理时，CPU 和外部存储设备之间不直接联系，内存（需要线性编址）是 CPU 和外存之间连接的纽带和桥梁。三级存储体系中，CPU 是真正的决策者和执行者，程序和数据只有在高速缓存和内存中才能被执行或处理，只有在外存中才能实现持久保存。

实际存储体系的处理过程要复杂得多，不仅涉及虚拟内存及分段和分页管理，还包括页面调度算法、缺页中断及程序局部性原理等操作系统相关的知识。

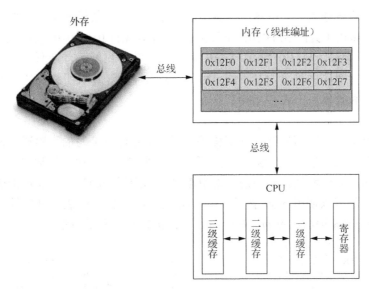

图 1-5　三级存储体系结构

1.3　程序设计语言

1.3.1　程序和程序设计语言

自 1946 年世界上第一台电子计算机问世以来，计算机科学及其应用得到了迅猛发展，计算机已被广泛应用于人们生产生活的各个领域，成为与人们日常工作、生活和娱乐密切相关的现代化工具，计算机已将人们带入了一个崭新的信息技术时代。

无论是像 Windows、Linux 和 UNIX 这样复杂的操作系统，还是最简单的"你好，世界"，所有软件都是用某种程序设计语言编写而成的。人们将需要计算机完成的工作按照一定规范编写成计算机能够识别的指令，并存储在计算机中，当使用者发出执行命令后，操作系统会加载并执行这些指令。这种计算机可以识别并连续执行的一条条指令的集合称为程序。程序是设计者使用某种程序设计语言编写而成的。程序设计语言按照语言级别可以分为低级语言和高级语言。低级语言有机器语言和汇编语言。高级语言主要有过程式语言（如 C、Basic 及 Pascal 等）、面向对象语言（如 C++、C#、Java 等）、应用式语言（如 Lisp）及基于规则的语言（如 Prolog）等。

1.　低级语言

（1）机器语言

机器语言是计算机可以直接识别和执行的语言，完全由 0 和 1 组成的代码表示，是最底层的程序设计语言。用机器语言编写的程序中，每一条机器指令都是二进制形式的指令代码，如 0000 0011 0100 0101 表示加法、 0010 1011 0100 0101 表示减法、0000 1111 1010 1111 表示乘法、1111 0111 0111 1101 表示除法等。机器语言是面向具体机器的，不同的计算机硬件对应的机器语言不同。因此，针对一种计算机所编写的机器语言程序通常无法在另一种计算机上直接运行。

（2）汇编语言

由于机器语言与计算机硬件密切相关，因此机器语言编写的程序通用性差，编写程序的过程烦琐复杂，程序逻辑结构不清晰、可读性差，程序中的错误难以定位和修正。因此，汇编语言应运而生。汇编语言采用符号（称为指令助记符）表示指令，指令代码更易于记忆，如可以使用 mov 表示赋值、add 表示加法、sub 表示减法等。图 1-6 给出了两个整数 m 和 n 相加对应的高级语言、汇编语言和机器语言指令。

```
x = m + n;
006613FD 8B 45 EC          mov       eax,dword ptr [m]
00661400 03 45 E0          add       eax,dword ptr [n]
00661403 89 45 F8          mov       dword ptr [x],eax
```

图 1-6 表达式 x = m + n 对应的高级语言、汇编语言和机器语言指令

用汇编语言编写的程序计算机不能直接识别和执行，必须经过汇编器的加工和处理才能转换为计算机可执行的二进制代码。

2. 高级语言

由于汇编语言助记符仍然存在难以记忆、代码晦涩等缺点，因此人们在汇编语言的基础上发明了高级语言。高级语言语法和结构特征与人类自然语言类似，可读性好、通用性强，用户无须对计算机的指令系统有深入了解就可以编写程序。采用高级语言编写的程序更易于程序设计者编写和阅读，但计算机无法直接识别和执行，因此需要一种特殊的程序将高级语言转换为机器语言。这种具有翻译功能的程序称为编译程序，每一种高级语言都有与之对应的编译程序。

1.3.2 编译及编译过程

计算机只能识别和执行由 0 和 1 构成的机器语言程序，无法理解程序员使用高级语言编写的源代码。因此，需要编译程序将高级语言源代码转换为机器语言。编译程序的输入是某种高级语言的源代码，输出是与该源代码等价、可由计算机执行的机器语言程序。编译程序对高级语言编写的源代码进行编译时，能够解析程序中的所有符号，发现其中的语法错误并对之进行必要的优化。

除了编译程序之外，还有一种工具程序称为解释程序。解释程序边读取高级语言源程序，边将之翻译成机器语言代码，边执行边输出结果，当所有源程序读取完毕时，执行过程也相应结束。编译程序的输出结果为可执行的机器语言程序，是一次编译多次执

行；解释程序便于对程序进行修改和调试，但不能获得可执行程序，再次执行时需要重复"边读取边解释边执行"的过程。解释程序和编译程序的工作原理如图 1-7 所示。

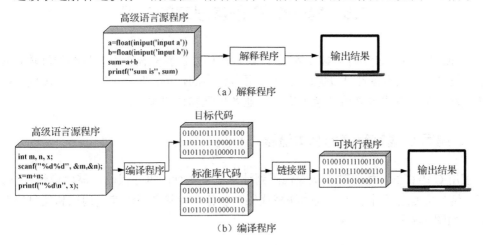

图 1-7　解释程序和编译程序的工作原理

1.4　C 语言的发展历史

C 语言的产生和发展离不开贝尔实验室，离不开肯·汤普逊（Ken Thompson）和丹尼斯·里奇（Dennis Ritchie）这两位传奇人物。1970 年，Ken Thompson 以 BCPL（Basic combined programming language）语言为基础设计出 B 语言（取 BCPL 第一个字母），并用 B 语言编写了第一个 UNIX 操作系统。1972 年，同在贝尔实验室工作的 Ritchie 在 B 语言的基础上设计出了 C 语言（取 BCPL 第二个字母），并用 C 语言重写了 UNIX 系统。1978 年贝尔实验室正式发表了 C 语言，同年莱恩·克尼汉（Brian Kernighan）和 Dennis Ritchie 出版了 *The C Programming Language* 一书，该书是计算机科学领域最经典的关于 C 语言的书籍。随着 C 语言广泛应用于不同硬件平台的各种计算机系统，出现了多种相似却常常不能相互兼容的 C 语言版本，导致 C 语言的发展受到限制。1989 年，美国国家标准学会（American National Standard Institute，ANSI）下的 X3 工作组对贝尔实验室版本的 C 语言做了重大修改，推出了 ANSI C 标准。随后，国际标准化组织（International Organization for Standardization，ISO）继续对 C 语言进行标准化，在 1990 年推出了与 ANSI C 几乎相同的 C 语言版本 ISO C90；1999 年，推出了 ISO C99；2011 年，推出了 ISO C11。

C 语言是面向过程的、抽象化的通用程序设计语言，具有代码量小、功能强大和运行速度快等其他语言所不能比拟的优势。C 语言广泛应用于操作系统、系统程序及底层硬件驱动开发等领域，UNIX、Linux 等操作系统的内核都是由 C 语言编写的。除此之外，在图形图像处理领域、网络和通信领域，C 语言也始终处于主流地位。

1.5 第一个 C 语言程序的实现

"工欲善其事，必先利其器"，编写 C 语言程序之前首先需要准备好编辑环境。通常来说，任何文本编辑器都可以完成编写 C 语言程序的任务，但一个好的开发环境会提高编码效率，使程序设计者将注意力集中于业务处理和代码本身。

1.5.1 编写 C 语言程序的基本流程

使用 C 语言编写程序时，从源代码到计算机可执行的机器代码，需要设计、编辑、编译、链接和运行五个步骤。具体编写代码时，各个步骤之间还涉及调试和反复修改的过程，如图 1-8 所示。

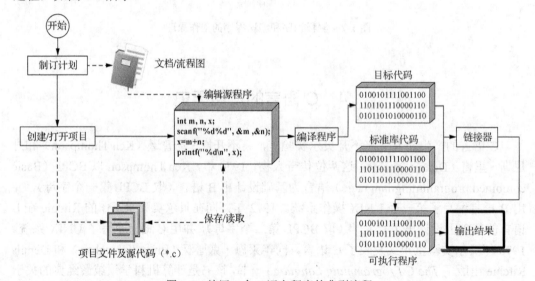

图 1-8　编写一个 C 语言程序的典型流程

1. 设计阶段

编写程序时，最重要的是运筹帷幄和有的放矢，不能毫无计划地盲目动手编写代码。先对待求解的问题进行抽象和建模，将待求解的问题简化并获得其数学模型；然后，根据抽象和建模结果，绘制程序的功能框架图和执行流程图，这些功能图将成为编写代码的原始蓝图，在此过程中还能进一步检查是否存在错误和遗漏。

2. 创建/打开项目

为了提高编写程序的效率，程序设计者通常使用 Code::Blocks、Visual Studio、

Visual Studio Code 等主流集成开发环境（integrated development environment，IDE）编写 C 语言程序，这样程序设计者可以将主要注意力集中于待解决问题的业务逻辑和代码自身。

C 语言集成开发环境通常采用树形目录结构对开发过程中的所有相关文件进行管理，项目中除了正在编写的源程序文件外，还包含一些必要的附属文件。因此，编写程序时，需要在创建新的项目文件或打开已经存在的项目文件后，才能对源代码进行编辑。

3. 编辑源代码

编辑源代码的过程就是根据流程图的描述，将程序的功能逐步用符合 C 语言语法规范的语句表述出来。在 C 语言集成开发环境中编写程序，就是创建/打开项目、在项目中添加/打开源文件、在编辑器编辑源代码并保存为磁盘文件的过程。

C 语言源代码的扩展名为.c，可以使用任一文本编辑器进行编辑，然后通过手动方式进行编译和链接等后续处理过程。本书所有实例都是以 Visual Studio 2010 集成开发环境为基础，该开发环境配置方便，界面友好，提供的编辑和调试功能也更为强大。

4. 编译

编译器的功能是将源代码转换为机器代码。C 语言源代码经过编译后获得的机器代码的扩展名为.obj，也称为目标代码。编译源程序时，首先要经过编译预处理过程，先执行预处理命令（如#include 和宏展开等），再进行后续的编译过程。如果程序中没有预处理命令，则直接进行后续的编译过程。

编译过程主要是进行词法分析和语法分析，该阶段基本与计算机硬件无关。通过对源程序的语法结构进行分析，发现不符合要求的语法问题并及时报告给用户。在编译过程中还要生成相应的符号表。

编译过程的最终阶段是生成目标代码，根据词法分析和语法分析的结果及符号表中的信息生成中间代码，由中间代码进而生成二进制目标代码，将这些代码以.obj 为扩展名保存到磁盘文件中。通常情况下，目标代码文件可以被计算机识别，但因缺少相关的库文件并不能直接执行，需要经过链接步骤才能生成可执行文件。

5. 链接

编译后的目标代码文件还不能由计算机直接执行。如果一个程序有多个源文件，编译器需对每个源文件分别进行编译，编译后的目标代码文件可能分布在不同存储位置，需要将所有目标代码文件进行合并。除此之外，还需要在链接时合并系统提供的标准库文件中一些系统函数相关的目标代码。

总之，编译之后获得的目标代码还需要经过链接才能生成可执行文件（也可能是由功能代码构成的库文件）。可执行文件的扩展名为.exe，也称 exe 文件。若创建的目标文件为库文件（功能性代码的集合，无入口函数，不能执行），链接步骤结束后，需要在其他引用代码中对之进行测试。Windows 操作系统下静态库文件的扩展名为.lib，动态库文件的扩展名为.dll（其他操作系统下库文件的扩展名各不相同）。

6. 运行

源代码经过编译和链接生成可执行文件后，就可以运行该可执行文件进行实际测试了。运行可执行文件的方法很多，绝大多数集成开发环境提供了运行和测试功能，通过选择相应菜单项便可实现。也可以在 Windows 操作系统的命令提示符窗口下运行，在命令提示符窗口中转到可执行文件所在文件夹后，直接输入可执行文件名并按 Enter 键即可执行。如果可执行文件运行时需要参数，还应在可执行文件名之后输入所需要的参数。

程序功能的调试一直伴随着整个开发过程。当发现语法错误、逻辑错误或者设计错误时，要及时修正错误，当错误严重时甚至需要重新回到设计阶段。因此，一定要在开始具体工作之前精心设计，避免出现设计错误，否则需要付出的代价会很大，甚至难以承受。

1.5.2 第一个 C 语言程序

先从一个简单的 C 语言程序开始，在控制台窗口输出一条 "Hello, world!"（双引号不是输出内容的一部分，后续章节中不作特殊强调的情况下只用于对内容进行标示）。通过程序清单 1-1 给出的示例代码，可以大致了解 C 语言程序的基本结构和各个构成要素。

```
程序清单 1-1              ex0101_first_c.c
1 /*这是第一个 C 语言示例程序*/
2 #include <stdio.h>
3 int main()
4 {
5   //在屏幕上输出字符串
6   printf("Hello, world!\n");
7   return 0;
8 }
```

程序清单 1-1 的运行结果是在显示器屏幕的当前光标位置处输出 "Hello, world!"。虽然示例代码实现的功能简单，但通过该示例却能熟悉一个 C 语言程序所具有的基本结构特征和构成要素。

1. 注释

第 1 行和第 5 行代码的功能是对程序进行注释。注释的作用是为阅读提供必要的信息补充，可以让程序设计者和阅读者快速了解代码中注释对应模块的功能、代码中的关键要素及设计思想等内容。注释不参与代码的编译和生成，注释部分对程序的运行不起作用，在编译代码的过程中，编译器会自动忽略注释的内容。注释有以下两种方法：

1）第一种为行注释，以英文双斜线"//"开头，"//"到行末的所有内容均为注释。

2）第二种为块注释或段注释，用符号"/*"开头、"*/"结尾，"/*"和"*/"之间的内容为注释，"/*"和"*/"必须成对出现，"/"和"*"之间不能有空格。块注释不能嵌套，第一个"/*"与第一个"*/"之间的内容均为注释。

根据出现位置和功能划分，注释大致可以分为两种：第一种为功能性注释，通常在代码中任何需要的位置使用，用于说明变量的含义、程序段的功能等；第二种为序言性注释，通常在函数或代码块的开始处使用，用于说明函数的功能、参数、返回值或算法的设计思想等。

2. 预处理命令

程序清单 1-1 第 2 行的#include <stdio.h>是一条编译预处理命令。在编译时，第 2 行的#include 预处理命令会通知编译预处理程序，此处需要引入头文件"stdio.h"。stdio.h 头文件是所有 C 语言程序输入和输出所必需的。C 语言提供了一些标准的系统库文件，这些库文件具有输入/输出、字符串处理、数学处理及许多其他功能，使用系统提供的标准库函数就需要包含/引用对应的头文件。包含头文件的预处理命令以#include 开头，紧接着为要引用的头文件（两者之间应有一个空格），使用<>括起来的头文件是系统提供的标准头文件，使用英文双引号""括起来的头文件是用户自定义的头文件。编译时，会到系统文件夹中搜索标准头文件。对于用户自定义的头文件，先要到代码所在的文件夹下搜索，再到系统文件夹下搜索，若搜索不到相应的头文件则会报错。

3. 入口函数

程序清单 1-1 第 3 行中，main( )是 C 语言程序的入口函数，也称主函数。main 后紧跟一对英文圆括号"( )"，在无参数时圆括号"( )"中不含任何内容，但不能省略。C 语言采用模块化编程思想，函数是构成程序的基本模块，一个 C 语言程序通常由若干个函数构成。main( )函数是 C 语言程序执行的起始，代码从 main( )函数的第一行开始执行，到 main( )函数的最后一行结束。一个 C 语言程序可以包含任意多个不同名的函数，但对于可执行的 C 语言程序而言，必须有且只能有一个 main( )函数。main( )函数前的 int（与 main( )间有一个空格）表示 main( )函数执行后的返回值为 int 类型。函数的返回值通常用于表示函数的执行状态或执行结果。

4. 函数体

语句是程序中的最小执行单位，以英文分号";"作为结束标志。每个语句完成一种基本操作，如赋值、输入、输出等。#include、#define 等预处理命令，if、switch、while、for 等控制结构均不是语句。C 语言中的语句有以下 3 种形式：

1）由表达式构成的语句。在任何一个表达式之后添加";"，就构成了表达式语句。

2）空语句。仅由单个";"构成的语句称为空语句，空语句不执行任何操作。

3）复合语句。使用英文花括号"{ }"括起来的若干条语句称为复合语句，在逻辑上作为一条语句看待。

程序清单 1-1 第 4 行至第 8 行中，主函数后面由一对花括号"{ }"括起来的部分是 main( )函数的函数体。函数体以左花括号"{"开始，以右花括号"}"结束。函数体中的语句用于实现函数的具体功能。函数体中，可以有数据定义部分和执行语句，数据定义部分主要是对代码中使用的变量进行说明，执行部分用于实现函数的具体功能。在 C 语言中，要求变量必须先定义后使用，关于变量定义和声明的部分必须在 main( )函数的前部，在执行部分的语句之前完成变量的定义和声明。函数体内语句的数量不限，每条语句要以";"结束，";"是语句的一部分。

5. 输出

程序清单 1-1 中第 6 行"printf("Hello, world!\n");"语句的功能是在控制台窗口中输出字符串"Hello, world!"，然后换行。其中，"\n"是代表换行的转义字符，表示将当前输出位置移动到下一行的开头。

6. 返回值

程序清单 1-1 第 7 行语句中的 return 关键字通常放在每个函数的末尾，当执行到 return 语句时，流程控制将转回到函数的调用者。main( )函数中，返回值 0 表示函数执行成功，当函数执行失败时会返回其他值以表示失败的原因。

程序设计练习

1. 在屏幕上输出 5 行"Hello, world!"。
2. 编写程序，输出你的姓名、出生年月和兴趣爱好（每项一行）。
3. 输出如图 1-9 所示的表格。

```
a       2a      3a
1       2       3
2       4       6
3       6       9
4       8       12
5       10      15
```

图 1-9　练习题 3

第 2 章　程序设计基础

通过第 1 章的学习，读者已基本熟悉了设计、创建、编辑、编译和运行 C 语言程序的过程及 C 语言程序的基本结构和构成要素。从本章开始，将学习运用 C 语言编程解决问题。本章主要着眼于数值类型数据的处理。在分析和解决问题的过程中，将学习使用基本数据类型、常量和变量、运算符、表达式和输入/输出处理函数。

 2.1　编写一个简单的 C 语言程序

在计算机科学领域，算法就是一系列计算过程，用来将输入数据变为输出结果。算法有输入和输出，每个步骤都必须是可靠的，必须在有限时间内获得确定的结果。

对算法的描述有许多方法，可使用自然语言、图形符号，还可以使用伪代码。使用自然语言对算法进行描述的最大优势是通俗易懂，但算法结构层次深、处理步骤复杂时很难直观清晰地表述。通过特定图形符号对算法进行描述的方式称为算法流程图，包括传统流程图和结构流程图两类。伪代码是介于自然语言和具体代码之间的算法描述方式，用程序设计语言的流程控制结构表示算法的执行流程，用自然语言和各种符号相结合表示各个步骤中的具体处理及所涉及的数据。

编写程序，根据公式 $C = (F-32) \times 5 / 9$ 将给定的华氏温度转换为摄氏温度。解决该问题的基本思路为：①获得华氏温度值；②根据公式计算对应的摄氏温度值；③输出摄氏温度值。解题思路对应程序代码框架如程序清单 2-1 所示。

程序清单 2-1　　　　　　ex0201_F2C.c
```
1  #include <stdio.h>
2  int main()
3  {
4      //获得华氏温度值 F
5      //根据公式 C=(F-32)×5/9,计算对应的摄氏温度值
6      //输出摄氏温度值
7      return 0;
8  }
```

此时，有几个关键问题需要解决：①如何获得华氏温度 F；②如何保存华氏温度和摄氏温度值；③如何将上述信息以合适的方式呈现给用户。

为简化问题处理流程,先直接指定华氏温度 F 的初始值,暂不考虑数据的输入处理。对于数据的输出,需要使用专门的输出函数 printf( ),其具体使用方法见 2.7 节详细介绍。

为了处理温度数据,需要定义两个变量 F 和 C 保存华氏温度和摄氏温度。在 C 语言中,使用变量存储数据。变量需要先定义类型,这样才符合语法规范。本例中,需要使用数值型变量保存 F 和 C,两者都是带小数点的数据,称为浮点数。除此之外,还有一些整数类型的常量 32、5 和 9,称为整型常量。补充了温度变量 F 和 C,按 C 语言规范完成温度转换,并对输出进行格式化。具体代码如程序清单 2-2 所示。

```
程序清单2-2          ex0202_F2C2.c
1 #include <stdio.h>
2 int main()
3 {
4     double F, C;
5     F = 89.6;//获得华氏温度值
6     C = ( F - 32 ) * 5.0 / 9;//计算对应的摄氏温度值
7     printf("%.2f 华氏度等于%.2f 摄氏度", F, C);//输出摄氏温度值
8     return 0;
9 }
```

在第 4 行代码中定义了两个双精度浮点型变量 F 和 C,用于保存华氏温度值和摄氏温度值。第 5~7 行中,"//"后的内容为注释。第 5 行将华氏温度值 F 设置为 89.6。第 6 行利用公式 $C = (F-32) \times 5/9$ 计算摄氏温度值。需要注意的是,必须将公式进行适当处理使之符合 C 语言规范后才能获得正确结果,如将 5/9 改为 5.0/9。第 7 行,将计算后的结果发送到输出窗口,其中 "%.2f" 是格式控制符,由变量 F 和 C 的实际值进行替换,其他字符原样输出。

2.2 二 进 制

计算机要处理诸如数字、文字、符号、图形、音频、视频等多种多样的信息,这些信息在人的眼中具有不同的表现形式和数据内涵,但它们在计算机内却均以二进制形式存储,只有内容的区别而无本质上的差异。

二进制的基数为 2,只有 0 和 1 两个基本符号,与计算机中电路的开合状态、电平的高低一致。因此,数据在计算机中以二进制形式存储有其内在的原因。计算机中采用二进制形式存储数据主要基于以下几个方面的原因。

1) 二进制对应的状态转换与计算机中电路的处理逻辑一致。计算机内部由逻辑门电路组成,逻辑门电路通常只有接通和断开两种状态。因此,在计算机中使用双稳态电路表示二进制数字 0 和 1 在技术上更容易实现。

2）使用二进制在量化、转换和传输过程中可靠性高。以图 2-1 所示的模拟信号的量化过程为例，若计算机中电压变化范围为 0~5V，采用二级量化时可将 2.5V 作为量化分界，低于 2.5V 的电平信号量化为 0，高于 2.5V 的电平信号量化为 1，容差范围是 ±1.25V；若进行十级量化，则每一级对应的电平变化范围为 0.5V。当电路中存在电磁干扰及信号衰减等情况时，量化级数越多，出错的概率越大，恢复原始信号的可能性就越低。

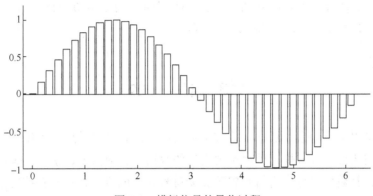

图 2-1　模拟信号的量化过程

3）与十进制数相比，二进制运算规则简单，便于硬件实现。二进制数以恰当的形式进行编码后，其加法、减法、乘法和除法等算术运算规则统一，便于硬件实现。

4）二进制数与其他制数之间的转换简单。二进制数与其他进制数的转换规则简单，易于理解和实现。计算机的交互对象是人，因此数据的输入和输出仍以人所习惯的十进制数为准，而计算机内部对数据进行存储和处理时则自动将其转换为二进制数。

二进制是计算机数据处理的基础，要想深入了解计算机，掌握程序设计精髓，就必须理解和掌握二进制。计算机存储器的任务是对数据进行保存和读取，因此存储器在工作时需要解决以下两个问题。

1）存储器中保存的数据必须是稳定可靠的。存储器的数据不能受到其他操作的干扰，读取的数据必须与存入的数据完全一致，而且是随时存取。

2）存取数据时需有明确的地址信息，即保存数据时需要确定数据存入存储器的具体位置、占用的存储空间，读取数据时需要确定从存储器的哪个位置、在多大范围内读取。因此，存储器需要控制存取位置和数据存取的单元。将存储器中所有数据存储单元通过集成和扩展构成一个大的集合，对集合中的存储单元进行统一编号，给每个存储单元一个唯一的编号，称为内存线性编址。控制存取位置的单元称为地址选择控制单元（通常称为地址译码器），用于确定存储单元的具体位置。

存储单元和地址选择控制单元都是由晶体管构成的逻辑门电路实现的。电路的电压有 0V 或者 5V 两种状态。通常情况下，5V 是高电平，代表通电状态，可以用来表示 1 状态；0V 是低电平，代表电路不通状态，可以用来表示 0 状态。因此，一个电路的状态与二进制中一个数据位上的数据状态一致。通过将若干这样的电路进行合并、集成，并按照一定的逻辑控制这些元器件中电路的通阻，就可以得到若干 0 和 1 的组合。尽管每个元器件只能对应两种状态，但多个元器件组合后能够表示的状态集合相当大。例如，8 个元器件构成的状态组合有 2^8=256 种，16 个元器件构成的状态组合有 2^{16}=65536 种，32 个元器件构成的状态组合有 2^{32}=4294967296 种。

将每一种组合赋予特定的含义就可以完成最基本的数据处理功能，如使用 0000 0011 0100 0101 表示加法、0010 1011 0100 0101 表示减法、0000 1111 1010 1111（0FAFH）表示乘法、1111 0111 0111 1101 表示除法等。

2.3 整　数

C 语言是强类型语言，数据必须有明确的类型，并以某种形式存储在计算机中。在 C 语言中，需要根据业务规则处理不同类型的数据，有数值型、字符型等，其中整数类型最为常用。整数可以分为有符号整数和无符号整数两类，有符号整数包括负数、零和正数，无符号整数只能表示非负数。C 语言支持的具体整数类型及其所表示的数据范围如表 2-1 所示（以 32 位系统为例）。

表 2-1 C 语言支持的具体整数类型及其所表示的数据范围

类型	数据范围		字节数
signed char unsigned char(char)	$-128\sim127$ $0\sim255$	$-2^7\sim(2^7-1)$ $0\sim(2^8-1)$	1
short unsigned short	$-32768\sim32767$ $0\sim65535$	$-2^{15}\sim(2^{15}-1)$ $0\sim(2^{16}-1)$	2
int unsigned int	$-2147483648\sim2147483647$ $0\sim4294967295$	$-2^{31}\sim(2^{31}-1)$ $0\sim(2^{32}-1)$	4
long unsigned long	$-2147483648\sim2147483647$ $0\sim4294967295$	$-2^{31}\sim(2^{31}-1)$ $0\sim(2^{32}-1)$	4
long long unsigned long long	$-9223372036854775808\sim9223372036854775807$ $0\sim18446744073709551615$	$-2^{63}\sim(2^{63}-1)$ $0\sim(2^{64}-1)$	8

在 C 语言中，整数类型用 int 关键字表示，可在 int 关键字前加上 short、long、long long（ISO C99 中引入该类型）等限定词，用于表示不同大小的整数。其中，short 为 short int 类型的简写，long 为 long int 类型的简写。unsigned 用于指示其修饰的量是无符号数（非负数），unsigned int 可简写为 unsigned。char 类型用一个字节表示，通常用于存储单个字符，但该类型较为特殊，也能用来存储整数值。

不同整数类型所能表示的数据范围不同，所需要占用的存储空间自然也不相同。不同整数类型所占用存储空间从小到大依次为 char、short、int、long，其中 short 和 int 至少是 16bit，long 至少 32bit，具体占用的字节数与机器和编译器相关。

从表 2-1 中可以看出，整数类型表示的数据范围与所占用字节数相关，负数子集与正数子集以 0 为中心基本呈对称状态（负数子集多出一个当前范围内的最小负数 -2^{n-1}，n 为其二进制位数，具体工作原理请参考《深入理解计算机系统（原书第 3 版）》）。

2.3.1 无符号整数

整数的二进制表示与其数学特性紧密相关，以二进制形式说明无符号数更有利于理解。对于一个无符号整数 U，假定用 w 位对其进行存储，则该无符号数的二进制序列可以表示为 $U_w=[u_{w-1}u_{w-2}\cdots u_1u_0]$，可用下式表示：

$$U_w = \sum_{i=0}^{w-1} u_i 2^i \qquad (2-1)$$

式中，u_i 为数值位；2^i 为 u_i 对应的权值。

将各个数值位 u_i 与对应位权 2^i 相乘后再累加求和，即可获得 U_w 的真值。

例 2-1　求二进制数 01111111 和 11111111 对应的真值。

$$
\begin{aligned}
U_8([01111111]) &= 0\times 2^7+1\times 2^6+1\times 2^5+1\times 2^4+1\times 2^3+1\times 2^2+1\times 2^1+1\times 2^0 \\
&= 0+64+32+16+8+4+2+1 \\
&= 2^7-1 \\
&= 127
\end{aligned}
$$

$$
\begin{aligned}
U_8([11111111]) &= 1\times 2^7+1\times 2^6+1\times 2^5+1\times 2^4+1\times 2^3+1\times 2^2+1\times 2^1+1\times 2^0 \\
&= 128+64+32+16+8+4+2+1 \\
&= 2^8-1 \\
&= 255
\end{aligned}
$$

若无符号整数 U 以 2 字节表示，则其有效二进制位数 w = 16 位，可将其二进制序列从高位到低位用 $U_{w=16}=[u_{15}u_{14}\cdots u_1u_0]$ 表示。序列 U 中的各个二进制数位 u_i 均为有效数值位，当各个数值位取值均为 0 时取得最小值 $U_{min}=0$，当各个数值位取值均为 1 时取得最大值 $U_{max}=65535$。其他大小的无符号整数取值范围可依此类推。

计算机内数据存储使用二进制，随着所表示数值的范围越来越大，所需二进制的位数也变得越来越多。为了便于显示和处理，通常以十六进制（或八进制）展示数据。将二进制编码以四位（或三位）作为一组（不足时前端补 0，带小数部分时可能需要尾部补 0），每组对应一个十六进制（或八进制）数值。

例 2-2　将 1100100100110110 转换为八进制和十六进制。

待转换数据　　1100100100110110

八进制数据　　$\boxed{001}\ \boxed{100}\ \boxed{100}\ \boxed{100}\ \boxed{110}\ \boxed{110}$ → $(144466)_8$

十六进制数据　　　　 | 1 1 0 0 | 1 0 0 1 | 0 0 1 1 | 0 1 1 0 | → $(C936)_{16}$

人机交互过程中，数据的输入和输出通常都以十进制进行，在计算机内部数据以二进制形式存储。因此，需要解决十进制与其他进制之间的转换问题。

1. 十进制转换为 R 进制

将十进制数 M.N 转换为 R 进制数 m.n 时，整数部分与小数部分转换的规则不同，需要分开进行转换后再合并。

（1）整数部分转换规则

十进制整数部分 M 转换为 R 进制整数 m 时，采用除以 R 取余法。十进制数 M 除以 R，当前余数 r_0 作为 m 的一个数位值，得到的商值 S 依此步骤继续运算，直至商为 0。将余数序列 $[r_0 r_1 \cdots r_k]$ 逆序排序，即为转换后的 R 进制数的整数部分 $m = [r_k r_{k-1} \cdots r_0]$。

（2）小数部分转换规则

十进制小数部分 N 转换为 R 进制小数部分 n 的转换规则是乘以 R 取整法。十进制小数 N 乘以 R，将当前积 P 的整数部分 p_{-1} 作为 n 的一个数位值，然后将 $P - p_{-1}$ 的差值作为 N 的当前值，依此步骤继续运算直至 P 为 0 或到达指定精度时为止，将各个整数部分顺序排序，即可获得转换后的 R 进制小数部分 $n = [p_{-1} p_{-2} \cdots p_{-k}]$。

合并转换后的 R 进制数 m 和 n，即可获得转换后的结果 m.n。

例 2-3　将十进制数 2021.8125 转换为对应的二进制数。

将十进制数 2021.8125 拆分为整数部分 2021 和小数部分 0.8125，转换为对应二进制的计算过程如图 2-2 所示。

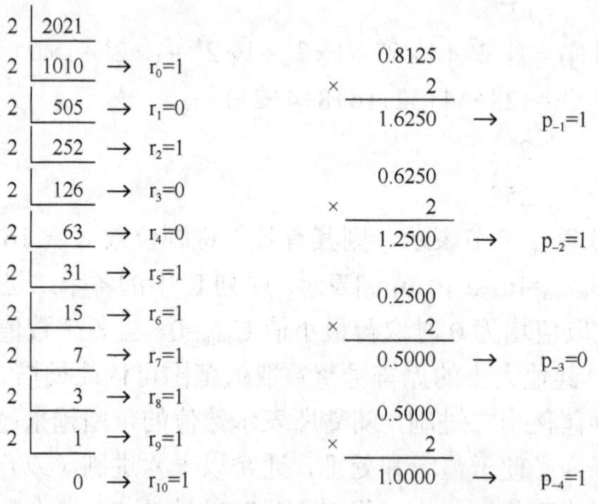

（a）整数部分　　　　　（b）小数部分

图 2-2　十进制数 2021.8125 转换为二进制数的计算过程

十进制整数 2021 转换为二进制过程中，获得的余数序列为 $[10100111111]$，逆序排序后结果为 $[11111100101]$，即 $(2021)_{10} = (11111100101)_2$；十进制小数 0.8125 对应的二进制小数为 0.1101，即(0.8125)$_{10}$ = (0.1101)$_2$。合并整数部分转换结果和小数部分转换结果，十进制数 2021.8125 对应的二进制数为 11111100101.1101。

2. 其他进制转换为十进制

将 R 进制数 m.n 转换为十进制数的规则：以小数点为分界，整数部分和小数部分按位权相乘后再求和，然后合并整数和小数部分。其中，小数点左侧第 1 位权值为 R^0，其他各位的权值向左逐次递增，分别为 R^1，R^2，R^3，…；向右逐次递减，分别为 R^{-1}，R^{-2}，R^{-3}，…。

例 2-4 将二进制数 01110101.11 转换为十进制数。

二进制 01110101.11 中，位权值及对应十进制数如表 2-2 所示。计算 01110101.11 对应的十进制数时，只需将各个数值位与表 2-2 中对应的权值相乘后再求和即可。

表 2-2 二进制数 01110101.11 各数值位权值及对应十进制数

数值位	0	1	1	1	0	1	0	1	.	1	1
幂数	7	6	5	4	3	2	1	0			
权值	2^7	2^6	2^5	2^4	2^3	2^2	2^1	2^0		2^{-1}	2^{-2}
结果	0	64	32	16	0	4	0	1		0.5	0.25

计算结果为

$$0+64+32+16+0+4+0+1+0.5+0.25=117.75$$

例 2-5 将十六进制数 2AF5 转换为十进制数。

十六进制数 2AF5 各数值位权值及对应十进制数如表 2-3 所示。计算 R 进制数对应的十进制数时，将表 2-3 中对应的权值替换为基数 R 对应的幂数即可。

表 2-3 十六进制数 2AF5 各数值位权值及对应十进制数

数值位	2	A	F	5
幂数	3	2	1	0
权值	16^3	16^2	16^1	16^0
结果	8192	2560	240	5

计算结果为

$$8192+2560+240+5=10997$$

2.3.2 有符号整数

处理有符号数 S 时，需要考虑的问题要比无符号整数多，S 的二进制序列既要能保存其数值，又必须能保存其正负标志。因此，或在 S 中单独保留出用于表示符号的二进制位，或寻找到一种既能保存数据又能表示符号且无须单独划分符号位的表示方法。

1. 原码表示法

原码表示法也称符号加绝对值表示法。设有符号数 S 的二进制序列为 $S_w=[s_{w-1}s_{w-2}\cdots s_1s_0]$，将二进制序列中的最高位 s_{w-1} 保留作为符号位，序列中其他部分作为数据位，s_{w-1} 的值用于标示正负（1 表示负数，0 表示正数）。因此，S 的二进制序列变化范围为 $1s_{w-2}\cdots s_1s_0 \sim 0s_{w-2}\cdots s_1s_0$，对应的十进制为 $-(2^{w-1}-1)\sim(2^{w-1}-1)$。当 w = 8 时，原码表示法可表示的数据范围为 -127～+127。

当 w = 8 时，实际可表示的状态为 256 种，而原码表示法只有 255 种，其原因在于 0 的表示不唯一（1 0000000 为 -0，0 0000000 为 +0）。

像 IBM 7090 这类早期二进制计算机中就应用了原码表示法。原码表示法有明显的缺点：①0 的表示不唯一；②需要单独的硬件电路来判断正负。

2. 反码表示法

正数的反码与原码相同；负数的反码将原码除符号位之外的各个二进制数位反转，0 变为 1，1 变为 0。在 TCP/IP 中，计算 IP 数据报校验和就应用了反码求和的方法。反码编码方式同样存在 0 的表示不唯一的问题。

例 2-6　求 -54 的 8 位原码和反码。

十进制数 54 的二进制真值为 110110。当 w=8 时，十进制数 -54 的二进制原码为 10110110。求其反码表示结果时，保留符号位 1，将 0110110 取反，合并后的结果为 11001001，即十进制数 -54 的二进制反码为 11001001。

3. 补码表示法

计算机中使用频率较高的运算是加法、减法、乘法和除法等算术运算，其中乘法可通过加法来实现，除法可通过减法来实现。因此，加法和减法是计算机进行算术运算的关键。CPU 中运算器的核心是 ALU，其核心部件就是加法器。

绝大多数计算机使用二进制补码表示法存储数据。二进制补码使得计算不再区分数据位和符号位，将减法运算转换成加法运算，简化了计算机硬件设计。补码表示法是计算机中数据存储和程序设计的关键，需要深入理解。

（1）二进制补码的计算方法

二进制补码的实现是以模数为基础的。

模的概念：把一个计量单位称为模或模数。例如，钟表和月份是以十二进制进行计数循环的，即以 12 为模；星期是以七进制为计数循环的，模为 7；甲乙丙丁等天干信息是以十进制为计数循环的，模为 10。除此之外，还有二进制、八进制、十六进制、二十四进制等以其他数字为模的循环计数制。

在十二进制的钟表上，时针向前正拨（加上）一定整数位与向后反拨（减去）一定整数位的效果相当，二者对应的时针位置相同。例如，14 点对应下午 2 点（14%12=2）。从钟表上 0 点出发逆时针向后反拨（减去）10 格，与从 0 点出发顺时针向前正拨（加上）2 格效果是相同的。-10 在模 12 的前提下可映射为+2。对于模数为 12 的循环计数系统而言，加 2 和减 10 的效果相同，10 和 2 互为补数，凡是-10 的运算均可用加 2 替代。通过模数和互补，减法运算就转化为加法运算。

补码表示法的计算规则如下：①正数的补码就是其本身；②计算负数的补码时，先计算该数的绝对值的二进制数位，然后将各二进制位取反再加 1，在最高位添加符号位 1。

弄清楚了计算机采用二进制补码的原理，也就理解了二进制补码的计算规则。对于有符号整数 S，必须存在其相反数-S，使用 S+(-S)=0，即 S 和-S 以 0 为原点对称。w 位有符号正整数 S 的二进制序列为 $S_w=[s_{w-1}s_{w-2}\cdots s_1s_0]$，可用 0-S 表示其相反数。例如，1 的 8 位二进制编码为 00000001，-1 的二进制编码为 0000000-00000001，很显然需要在被减数前添加 1 才能满足借位减的需求，即 100000000-00000001=11111111；127 的二进制编码为 01111111，-127 的二进制编码为 100000000-01111111=10000001。依此类推，1~127 都存在对应的相反数-1~-127。此时，二进制编码中尚余两个编码 00000000 和 10000000，若将两者解释为+0 和-0，会导致 0 的表示不唯一（因为只有 1 个 0，即 00000000）。因此，需要对这两个特殊的元素分别进行处理，将 00000000 作为 0 的唯一表示，将 10000000 定义为-128（-128 = 0 - 128 → 100000000-10000000 = 10000000）。至此，就确定了 8 位二进制补码的编码范围 1000000~01111111，对应的真值范围是-128~+127。在计算相反数过程中使用的那个特殊的数 100000000 恰好为 2^8，将之拆解为 0-S 和+1 两个部分，0-S 对应为将 S 的各个二进制位取反，+1 对应取反后的+1 操作。

例 2-7　令 x = 127，计算-x 的 w = 8 位二进制补码。

第一步，计算 $2^w - x$ 的无符号表示 u。

$$u = 2^w - x = 2^8 - 127 = 256 - 127 = 129$$

第二步，将无符号数 u 的 8 位二进制编码作为-x 的二进制补码。

$$C_8(-127) = U_8(129) = (10000001)_2$$

例 2-8　以 8 位二进制补码计算 127-5。

$$C_8(127) = 01111111$$
$$C_8(-5) = 100000000 - 00000101 = 11111011$$
$$C_8(127 - 5) = 01111111 + 11111011 = 101111010$$
$$T_8(01111010) = 122$$

（2）计算二进制补码的真值

设 w 位有符号数 S 的二进制序列为 $S_w=[s_{w-1}s_{w-2}\cdots s_1s_0]$，则其二进制补码的真值可以表示为

$$C_w = -2^{w-1}s_{w-1} + \sum_{i=0}^{w-2} s_i 2^i \qquad (2\text{-}2)$$

其中，二进制补码的最高位权值为-2^{w-1}。$s_{w-1} = 1$ 时，S 必定为负数，推导过程如下：

$$\sum_{i=0}^{w-2} 2^i + 1 = 2^{w-1} \Rightarrow -2^{w-1} + \sum_{i=0}^{w-2} 2^i < 0 \qquad (2\text{-}3)$$

例 2-9 求二进制补码 10000000、11111111 和 01111111 的真值。

$$C_8([10000000]) = -1\times2^7 + 0\times2^6 + 0\times2^5 + 0\times2^4 + 0\times2^3 + 0\times2^2 + 0\times2^1 + 0\times2^0$$
$$= -128+0+0+0+0+0+0+0$$
$$= -128$$
$$C_8([1111111]) = -1\times2^7 + 1\times2^6 + 1\times2^5 + 1\times2^4 + 1\times2^3 + 1\times2^2 + 1\times2^1 + 1\times2^0$$
$$= -128+64+32+16+8+4+2+1$$
$$= -1$$
$$C_8([0111111]) = 0\times2^7 + 1\times2^6 + 1\times2^5 + 1\times2^4 + 1\times2^3 + 1\times2^2 + 1\times2^1 + 1\times2^0$$
$$= 0+64+32+16+8+4+2+1$$
$$= 127$$

在对二进制补码进行运算时需要注意，当待存储的数据超出其表示范围时就会出现溢出现象。例如，当使用 8 位二进制补码时，试图保存大于+127 的数据时就会导致正溢出而得到负数，当试图保存小于-128 的数据时就会导致负溢出而得到正数，其根本原因就在于计算机对数据存储有位数限制。

2.3.3 有符号整数与无符号整数间的转换

不同的整数类型都有大小限制，其本质也是一种模运算。当以 1 字节表示无符号数时，计满 $2^8 = 256$ 就会产生溢出，导致从 0 开始计数。计数时的溢出上限就是该类型的模，其原理如图 2-3 所示。

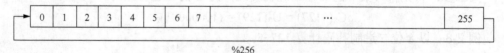

%256

图 2-3 无符号数溢出原理

由图 2-3 可见，无符号数构成了以 2^w 为模数的循环链条。与无符号数类似，有符号数也构成一个循环链条。

w 位有符号数与无符号数所能表示的状态数相同，均为 2^w 种状态，其中 $0\sim2^{w-1}-1$ 范围内的数值是相同的。w 位有符号整数 S 与无符号整数 U 间的映射主要是$-2^{w-1}\sim-1$ 与 $2^{w-1}\sim2^w-1$ 的映射，二者之间的差值为 2^w，如图 2-4 所示。

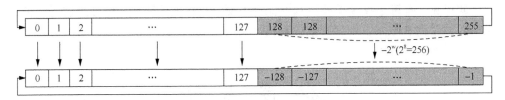

图 2-4　有符号数与无符号数的转换

当有符号整数 S 向无符号整数 U 映射时需要加 2^w，当无符号整数 U 向有符号整数 S 映射时需要减 2^w，可以使用下式进行描述：

$$S2U_w = \begin{cases} s+2^w, & s<0 \\ s, & s\geq0 \end{cases}, \quad U2S_w = \begin{cases} u, & u<2^{w-1} \\ u-2^w, & u\geq2^{w-1} \end{cases} \tag{2-4}$$

例 2-10　将 8 位有符号数 -128 转换为对应的无符号数。

$$S2U_{w=8} = s+2^w = -128+256 = 128$$

例 2-11　将 8 位无符号数 255 转换为对应的有符号数。

$$U2S_{w=8} = u-2^w = 255-256 = -1$$

2.3.4　有符号整数的扩展

在实际数值计算过程中，往往需要将占用存储空间小的整数转存为占用空间较大的整数。在转换过程中，必须保证数据在转存前后所表示的真值是完全相同的，这就涉及带符号整数的扩展。

设 w 位有符号数 S 的二进制序列为 $S_w=[s_{w-1}s_{w-2}\cdots s_1s_0]$，对其进行 $w'= w + k$ 位扩展时，直接将其符号位复制 k 次并置于 S_w 之前。

1. 计算 S_w 和 S_{w-1} 的真值

设 V_w 为 $S_w=[s_{w-1}s_{w-2}\cdots s_1s_0]$ 的真值，V_{w-1} 为 $S_{w-1}=[s_{w-2}s_{w-3}\cdots s_1s_0]$ 的真值。当 S < 0 时，最高位 $s_{w-1}=1$，对应权值为 -2^{w-1}，真值如下式所示：

$$V_w = -2^{w-1}\times s_{w-1} + V_{w-1} = -2^{w-1} + V_{w-1} \tag{2-5}$$

2. 计算扩展后的真值

当 $w'= w + 1$ 时，扩展后 $S_{extend}= s_{w-1}S_w=[s_{w-1}s_{w-1}s_{w-2}\cdots s_1s_0]$，真值如下式所示：

$$\begin{aligned} V_{extend} &= -2^w\times s_{w-1} + 2^{w-1}\times s_{w-1} + V_{w-1} \\ &= (-2^w\times s_{w-1} + 2^{w-1}\times s_{w-1}) + V_{w-1} \\ &= (-2^w + 2^{w-1})\times s_{w-1} + V_{w-1} \\ &= -2^{w-1}\times s_{w-1} + V_{w-1} \\ &= V_w \end{aligned} \tag{2-6}$$

由此可见，有符号数 S 扩展后真值保持不变。实际进行有符号整数扩展时，扩展后的字节数通常为 S 原来占用字节数的双倍。

2.4 浮 点 数

实数是由整数部分和小数部分构成的位数有限的数字序列。例如，3.75 就是一个实数，其整数部分是 3，小数部分是 0.75。可以采用固定小数点位置的方法表示实数，这种方法称为定点表示法。在定点表示法中，小数点是固定的，位于各数据位间的某个位置上。定点表示法表示实数时，其结果不一定精确，或者无法达到需要的精度。例如，存储 648211234567893.275、195.0001009840032 等有很大整数部分或很小小数部分的实数时，由于存储空间的限制，可能存在精度受损问题。因此，计算机中通常以浮点型数据表示实数，以确保数据的精度。

2.4.1 二进制小数

二进制小数是理解实数浮点表示法的基础。与十进制实数的表示相似，含有小数部分的二进制序列 $B=[b_m b_{m-1} \cdots b_1 b_0 . b_{-1} b_{-2} \cdots b_{-n+1} b_{-n}]$ 可以表示为

$$B = \sum_{i=-n}^{m} b_i \times 2^i \qquad (2\text{-}7)$$

式中，b_i 取值为 0 或 1，b_i 对应的权值为 2^i，各数据位与权值对应关系如表 2-4 所示。

表 2-4　数据位与权值对应关系

数据位	b_m	b_{m-1}	...	b_1	b_0	b_{-1}	b_{-2}	...	b_{-n+1}	b_{-n}
权值	2^m	2^{m-1}	...	2^1	2^0	2^{-1}	2^{-2}	...	2^{-n+1}	2^{-n}

从表 2-4 中可以看出，二进制小数点向左移动 1 位相当于该二进制数除以 2，二进制小数点向右移动 1 位相当于该二进制数乘以 2。因此，可以通过移位操作实现快速乘除。

例 2-12　计算二进制实数 110101.1001 对应的十进制数值。

$$
\begin{aligned}
D &= 1\times2^5 + 1\times2^4 + 0\times2^3 + 1\times2^2 + 0\times2^1 + 1\times2^0 + 1\times2^{-1} + 0\times2^{-2} + 0\times2^{-3} + 1\times2^{-4} \\
&= 32 + 16 + 0 + 4 + 0 + 1 + 0.5 + 0 + 0 + 0.0625 \\
&= 53.5625
\end{aligned}
$$

2.4.2 IEEE 浮点数

为了统一浮点数标准，提高应用程序的可移植性，IEEE（Institute of Electrical and

Electronics Engineers，电子和电子工程师协会）采用了非常接近加州大学伯克利分校威廉·凯亨（William Kahan）教授等专家设计的浮点数方案，在 1985 年制定了 IEEE 754 二进制浮点运算标准。IEEE 754 浮点数标准用一个逻辑三元组{S，M，E}表示一个浮点数 V，其形式可以表述为

$$V = (-1)^S \times M \times 2^E \tag{2-8}$$

式中，S 为符号位；M 为尾数；E 为阶码。

S = 1 时为负数，S = 0 时为正数。M 称为尾数，是一个二进制小数，其值介于区间 [1, 2]或[0, 1]。尾数部分的小数点及其左侧的 1（或 0）是隐含的，不进行存储，其余部分以无符号整数形式存储。阶码用于对尾数对应的二进制小数进行加权，以 2 为底数，实际权值可能为正数也可能为负数，采用余码系统表示。

图 2-5 给出了 IEEE 754 浮点数标准定义中关于单精度和双精度浮点的格式。

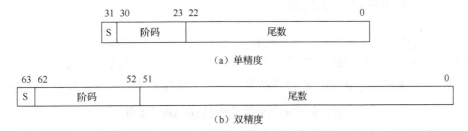

图 2-5　IEEE 754 单精度和双精度浮点的格式

1. 余码系统

IEEE 754 浮点数标准中，阶码是有符号整数，采用余码系统表示。在余码系统中，阶码以无符号数形式存储，实际阶码值需要经过偏置值修正后才能正确读出。偏置修正本质上就是将无符号数通过减去偏置值进行区间平移变为有符号数的过程。对于 w 位阶码，其偏置值为 $2^{w-1} - 1$。例如，8 位阶码情况下，余码系统的表示范围是 0～255，偏置值为 127（$2^{8-1}-1$），经过偏置修正后的实际阶码范围是-126～+127（需要去掉作为边界条件的全 0 阶码和全 1 阶码，即 0 和 255 两种特殊情况，这样 1～254 分别减去 127 就变为-126～+127）；11 位阶码情况下，余码系统的表示范围是 0～2047，偏置值为 1023（$2^{10-1}-1$），经过偏置修正后的实际阶码范围是-1022～1023。

2. IEEE 标准浮点数的存储

根据阶码值的不同，IEEE 浮点数存储时可以分为规格化数据、非规格化数据、无穷大数据和 NaN 数据四种情况。以 IEEE 单精度浮点数为例，简要说明这四种不同情况。

（1）规格化数据

当阶码对应的二进制位不全为 0 也不全为 1（不为 0 或 255）时，此浮点数是规格化数据。

（2）非规格化数据

当阶码对应的二进制位全为 0 时，此浮点数是非规格化数据。非规格化数据的功能是表示数值 0 及非常接近 0 的数值。

（3）无穷大数据

当阶码对应的二进制位全为 1 且尾数部分全为 0 时，此浮点数表示无穷。若符号位为 1，则表示负无穷；若符号位为 0，则表示正无穷。

（4）NaN 数据

当阶码对应的二进制位全为 1 但尾数部分不为 0 时，此浮点数被称为 NaN（not a number），表示其未定义或者是一个不可表示的值。在实际工程应用中，经常遇到数据缺失或者不完整的情况，可将那些缺失值设置为 NaN。

2.4.3　C 语言中的浮点数类型

C 语言支持两种浮点数据格式，分别为 float（单精度）和 double（双精度）类型，两种类型占用存储空间和取值范围如表 2-5 所示。ISO C99 引入 long double（长双精度）类型，但并未规定 long double 的确切精度，不同平台和编译器可能会有不同的实现。

表 2-5　C 语言中的浮点类型及其取值范围

类型	长度/字节	取值范围
float	4	$-3.4 \times 10^{-38} \sim 3.4 \times 10^{38}$
double	8	$-1.7 \times 10^{-308} \sim 1.7 \times 10^{308}$

2.5　标识符、常量和变量

在编写代码时，需要使用符合 C 语言命名规范的量来表示和存储数据。这些具有不同数据类型的量，有些在代码执行过程中始终保持不变，有些则需要根据不同的处理状态适时改变，在 C 语言中分别用常量和变量表示。

2.5.1　标识符

在程序清单 2-2 中，main、F 和 C 都是符合 C 语言规范的标识符。在 C 语言中，标识符是用来标识变量、常量、函数等程序元素的符号。标识符的命名规则如下：

1）标识符是由英文字母（严格区分大小写）、下划线和数字构成的字符序列，字符集包括 a~z、A~Z、_、0~9。

2）标识符必须以字母或下划线开头，不能以数字开头。由于操作系统和 C 语言库函数通常以一个或两个下划线开头，因此命名标识符时尽量不使用下划线开头。

3）不能使用保留关键字（表 2-6）作为标识符。

表 2-6　C 语言中的 32 个保留关键字

序号	关键字	说明	序号	关键字	说明
1	char	声明字符型变量	17	break	跳出当前循环
2	double	声明双精度变量	18	if	条件语句
3	enum	声明枚举类型	19	else	条件语句否定分支
4	float	声明浮点型变量	20	goto	无条件跳转语句
5	int	声明整型变量	21	switch	用于开关语句
6	long	声明长整型变量	22	case	开关语句分支
7	short	声明短整型变量	23	default	开关语句中的"其他"分支
8	signed	声明有符号类型变量	24	auto	声明自动变量
9	struct	声明结构体变量	25	extern	声明外部变量
10	union	声明共用数据类型	26	register	声明寄存器变量
11	unsigned	声明无符号类型变量	27	static	声明静态变量
12	void	无返回值/参数/空指针	28	const	声明只读变量
13	do	循环语句	29	sizeof	计算数据类型长度
14	for	循环语句	30	typedef	给数据类型取别名
15	while	循环语句	31	volatile	说明变量可被隐含地改变
16	continue	结束当前循环进行下一轮	32	return	子程序返回语句

表 2-6 中，序号 1～12 为数据类型关键字，序号 13～23 为控制语句关键字，序号 24～27 为存储类型关键字，序号 28～32 为其他类型关键字。

4）标识符命名尽可能简洁、清晰、见名知义，避免使用冗长或无意义的标识符。

理论上，标识符可以无限长，但不同编译器可能会有实际限制。例如，C89 中规定内部标识符长度不超过 31 个，外部标识符长度不超过 6 个；C99 中规定内部标识符长度不超过 63 个，外部标识符长度不超过 31 个。

常用的标识符命名方法有驼峰命名法、帕斯卡命名法、匈牙利命名法和下划线命名法四类。驼峰命名法是混合使用大小写字母构成标识符，对于由若干个单词构成的标识符，第一个单词的首字母小写，其余单词首字母大写，如 studentCounts。帕斯卡命名法对于构成标识符的每个单词的首字母大写，多用于给函数命名，如 ReverseString。匈牙利命名法通常是在变量名前面加上相应类型对应的小写字母作为前缀，如 m_lpszStr。下划线命名法是随着 C 语言的出现流行起来的，构成标识符的各个单词均小写，单词间以下划线分隔。下划线命名法在 GNU 代码中应用非常普遍，如 total_nodes。

2.5.2 常量

在编写应用程序时，经常会使用一些数学、物理学及其他领域内的符号常量，如圆周率 π、电子伏特 eV 等。常量是指在程序运行过程中其值不能改变的量。C 语言中支持的常量类型包括整型常量、浮点型常量、字符型常量和字符串常量等。

1. 整型常量

尽管计算机内部采用二进制补码表示法存储数据，但程序员通常以十进制、八进制或十六进制处理整型常量。十进制整型常量默认为 int 型，是一个带符号的常数（默认为正数），如+3、−7 等；八进制整型常量由数字 0 开头，其后由若干 0～7 的数字组成，如 0375、0123 等；十六进制整型常量以 0x 或 0X 开头，其后由若干 0～9 的数字及 A～F（不区分大小写）的字母组成，如 0x173、0x3af 等。

C 语言允许省略单词 int 来缩写整数类型的名字，也可以在一个整型常量值之后添加类型后缀来表示特定类型的整型常量，代表后缀类型的字母不区分大小写。后缀 L（单词 long 的首字母）表示该常量为 long int 类型，后缀 U（单词 unsigned 的首字母）表示该常量为 unsigned int 类型，后缀 UL 表示该常量为 unsigned long int 类型。例如，128u 为 unsigned int 型常量，1024UL 为 unsigned long int 型常量，1L 为 long int 型常量，8ul 为 unsigned long int 型常量。

2. 浮点型常量

浮点型常量只能以十进制形式表示，有小数表示法和指数表示法两种表示形式。

（1）小数表示法

使用小数表示法表示浮点型常量时，需要将浮点型常量分为整数部分和小数部分。若整数部分为 0 或小数部分为 0，则相应部分可在实际使用时省略，如.2、2.等。

（2）指数表示法

指数表示法也称科学记数法，浮点型常量的指数部分以 E 或 e 开头，其后为有符号整型常量。采用指数表示法表示浮点型常量时，E 或 e 的两边都至少要有一位数，如 1.2e20、−3.4e-2 都是合法的浮点型常量。

浮点型常量默认为 double 数据类型，若添加后缀 F，则为 float 数据类型。

3. 字符型常量

（1）字符常量

用一对英文单引号作限定的单个字符称为字符常量，如'A'、'b'等都是合法的字符常量。其中，单引号只作为字符常量的限定符，不是字符常量的内容。char 类型是一类比较特殊的类型，虽然其用于存储字符，但字符数据以 ASCII 形式存储，如字符'a'的 ASCII

值为 97。因此，字符型数据也可作为整数参与运算，如'a' + 35 表示将'a'的 ASCII 值 97 与整数 35 相加，结果为 132。字符常量包括两类：一类为可显示字符常量，包括字母、数字和 "@" "#" 等一些符号；另一类为不可显示字符常量，如 ASCII 值为 10 的字符表示换行符，完整的 ASCII 表请参考附录 A。

（2）转义字符

ASCII 字符集包括 128 个字符，用一个字节存储。ASCII 字符集为 128 个字符分配了唯一的编号，称为 ASCII 值。在 C 语言中，一个字符既可以使用其本身表示，也可以使用其 ASCII 值表示。使用 ASCII 值间接表示字符的方式称为转义。转义字符是特殊的字符常量，只能使用八进制或者十六进制，或者以英文反斜线 "\" 开头后跟 ASCII 值的八进制形式（不超过 3 位），或者以 "\x" 开头后跟 ASCII 值的十六进制形式（不超过 2 位）。例如，字符序列 i love c 对应的八进制编码分别为 151 32 154 157 166 145 32 143，十六进制编码为 69 20 6c 6f 76 65 20 63，字母 i 对应的八进制转义字符为 "\151"，字母 c 对应的十六进制转义字符为 "\x63"。

在 ASCII 表中，十进制编码 0～31 范围内的字符和编码值为 127 的字符为不可输出的控制字符。控制字符既不能输出（如在显示器等标准输出设备上不显示），也无法从键盘输入，只能通过转义字符这种特殊的形式来表示。考虑到 ASCII 值不易理解且难于记忆，C 语言规定了常用控制字符的简写方式，如表 2-7 所示。

表 2-7 常用控制字符及其转义

转义字符	代表含义	ASCII 值（十进制）
\0	空字符（null）	000
\a	响铃（bell）	007
\b	退格（backspace）	008
\f	换页（form feed）	012
\n	换行（line feed）	010
\r	回车（carriage return）	013
\t	水平制表（horizontal tab）	009
\v	垂直制表（vertical tab）	011
\'	单引号	039
\"	双引号	034
\\	反斜线	092
\?	问号	063

4. 字符串常量

字符串常量是由一对英文双引号括起来的零个或多个字符构成的字符序列，其中英文双引号""为字符串的限定符，不是字符串的内容。例如，"cat"、"hello world"等都是合法的字符串常量。字符串常量本质上是字符数组，在数组一章（第 6 章）将作进一步阐述。

需要注意的是，字符常量'a'和字符串常量"a"虽然内容相同，但二者有本质的区别。'a'是字符常量，在内存中占 1 字节存储单元；而"a"是字符串常量，除了存储字符'a'之外，还需要额外占用 1 字节存储字符串结尾符'\0'。

2.5.3　变量

变量是指在程序运行期间其值可以发生变化的量。C 语言是强类型语言，每个变量必须有相应的数据类型。数据类型既可以是系统内置的数据类型，也可以是用户根据需要自定义的数据类型。数据类型决定了变量所能参与的运算，也规定了变量所占用的存储空间。

C 语言要求变量在使用之前必须先定义。为了使代码更易于阅读，同时便于编译器实现对代码最大限度的优化，C89 规定在任何执行语句之前，应在代码块的起始位置处声明所有局部变量。在 C99 及 C++中则没有这一限制，变量只要在首次使用之前声明即可。因此，C99 及 C++中，通常将整个程序中需要使用的变量放在代码开始处定义，对于临时使用的变量可以在使用之前定义，从而既能保证变量被正常引用，又可避免阅读代码时的无关干扰。

1. 变量的定义

每个变量都需要用一个合适的变量名进行标识。变量名是标识符，需要符合标识符的命名规范。同时，变量命名时应便于程序员阅读和记忆，应在见名知义的前提下尽可能简洁、清晰易懂，尽量不使用拼音或无定义的简写等内容作为变量名。area、radius、circle、im2col 等都是合法的变量名，2students、d#w 等都是不合法的变量名，while、int 等保留关键字不能作为变量名，不建议使用 XSCJ、zuidazhi 等标识符作为变量名。定义变量的一般语法格式如下：

```
data_type var_name;
```

其中，data_type 是变量的数据类型，var_name 是合法的标识符。

变量有四个核心要素：变量名、变量的存储地址、变量值和变量的数据类型。

（1）变量名和变量的存储地址

在三级存储体系中，程序中需要处理的数据（变量值）必须存储在内存中某个位置，该内存位置称为存储地址。计算机执行用户程序时，按照程序指令从指定的内存位置存取数据并进行相应运算，因此对变量进行存取操作前必须获得变量的数据类型和存储地址。程序设计者在编写代码或阅读代码时，很难记住各个数据及其存储地址，最好的办法就是将存储地址与便于理解和记忆的符号或者单词关联起来，这就是变量名的意义和价值所在。

（2）变量值

编写程序的根本任务是将数据经过处理后以恰当的方式呈现给用户，而数据的值需要存储在以变量名为标识的存储空间中。变量的值就是该存储空间中保存的数据。

（3）变量的数据类型

变量必须有相应的数据类型，数据类型决定了变量所占用的存储空间和所能参与的运算类型。例如，int 型变量占用 4 字节存储空间，可以进行加、减、乘、除等算术运算，但不能进行拼接等操作。

（4）C 语言的字节序

字节序就是字节的顺序，是指多字节数据在计算机内存中的存储顺序，可以使用小端法或大端法表示字节序。小端和大端表示多字节值的哪一端（低地址端或高地址端）存储在其起始地址。小端法是指多字节数据的低位字节部分存储在内存中的低地址端（数据的起始地址），高位字节部分存储在内存中的高地址端；大端法与小端法相对应，将高位字节部分存储在该数据在内存中的起始地址，低位字节部分存储在其对应的高地址端。Windows 操作系统是基于小端法对多字节数据进行存取的。

在十进制中，数字中各个数据位靠左侧的是高位，靠右侧的是低位，其他进制依此类推。例如，对于十六进制数据 0x12345678，从高位到低位对应的字节依次是 0x12、0x34、0x56 和 0x78。小端法从低地址到高地址保存对应的字节次序分别为 0x78、0x56、0x34 和 0x12，大端法从低地址到高地址保存对应的字节次序分别为 0x12、0x34、0x56 和 0x78。

定义变量的语句规定了变量的类型和名字，还为变量申请了相应的存储空间。在用户未指定其值的情况下，编译器会为变量设置一个默认的初始值。图 2-6 给出了 int 型变量 data 的核心要素信息。

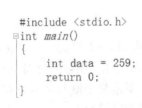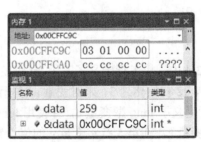

图 2-6 int 型变量 data 的核心要素信息

从图 2-6 中可见，变量名为 data，其类型为 int，占用 4 字节的存储空间，在内存中的存储地址为 0x00CFFC9C（32 位），其十六进制值为 00 00 01 03（对应十进制为 259），数据从低地址到高地址存储顺序分别为 0x03 0x01 0x00 0x00，是典型的小端法存储。

例 2-13 使用 int、long、char、float 和 double 关键字定义变量。

```
程序清单 2-3            ex0203_var_definition.c
1 int a1;              //定义一个整型变量 a1
```

```
2   int a2;              //定义一个整型变量 a2
3   int a3;              //定义一个整型变量 a3
4   long b;              //定义一个长整型变量 b
5   char c;              //定义一个字符型变量 c
6   float d;             //定义一个单精度浮点型变量 d
7   double e;            //定义一个双精度浮点型变量 e
```

程序清单 2-3 中，第 1～7 行分别定义了三个整型变量 a1、a2 和 a3，一个长整型变量 b，一个字符型变量 c，一个单精度浮点型变量 d 和一个双精度浮点型变量 e，同时为这些变量分配了相应的存储空间，但并未给它们指定初始值。

若需要定义多个同一类型的变量，既可以对每个变量分别逐行定义，也可以在一行中进行定义（变量间用英文逗号隔开）。程序清单 2-3 中，第 1～3 行可以改写为下述形式：

```
int a1, a2, a3;
```

2. 变量的初始化

变量在使用之前必须有一个合适的初始值，否则会引起严重的问题，如有些编译器将使用未初始化变量作为警告或错误对待，有的编译器则不给出任何提示。在定义变量的同时给变量赋予一个初始值称为变量的初始化。可以通过初始化为变量设置初始值，也可以在定义变量后通过赋值运算为变量设置指定值。

程序清单 2-4   ex0204_var_initialize.c
```
1   int a1 = 10, a2 = 3, a3;
2   long b = 100L;
3   char c;
4   a3 = 20;
5   c = 'A';
```

程序清单 2-4 中，第 1 行定义了三个 int 型变量 a1、a2 和 a3，在定义时直接将变量 a1 初始化为 10，a2 初始化为 3，未对变量 a3 进行初始化（在第 4 行将变量 a3 的值设置为 20）；第 2 行定义了 long 型变量 b，并使用 long 型常量 100 对之进行初始化；第 3 行定义了 char 型变量 c，在第 5 行将变量 c 的值设置为字符'A'。

2.6　赋值表达式和赋值语句

表达式是由运算符和操作数构成的合法序列，运算符指定了该表达式要进行的运算和操作，操作数则是运算符操纵和处理的对象。操作数包括常量和变量，运算符则是与操作数类型匹配的操作符号。

在 C 语言中，使用"="作为赋值运算符。赋值运算符用于初始化变量或设置变量的值，将一个数据存储到变量对应的存储空间中，赋值运算符"="不再具有原来的数学意义。通过赋值语句对变量进行赋值的语法格式如下：

```
var = expr;
```

var = expr 是由赋值运算符构成的赋值表达式。处理赋值表达式时，首先计算"="右侧表达式的值，然后将该值保存到左侧变量所对应的存储空间中。赋值表达式的值是变量所获得的值。赋值语句是在赋值表达式尾部添加分号";"后构成的语句。

接下来，回顾略作修改后的温度转换示例代码。

程序清单 2-5　　　　　　ex0205_F2C_modified.c

```
1   #include <stdio.h>
2   int main()
3   {
4       //定义 F 并设置华氏温度值
5       double F = 89.6, C;
6       //根据 C=(F-32)×5/9 计算摄氏温度值 C
7       C = ( F - 32 ) * 5.0 / 9;
8       //输出摄氏温度值
9       printf("华氏温度%.2f 与%.2f 摄氏度相当", F, C);
10      return 0;
11  }
```

程序清单 2-5 中，第 5 行定义 double 型变量 F 时，直接使用常量 89.6 对之进行初始化；第 5 行定义了变量 C 但未对其进行初始化；第 7 行通过表达式(F - 32) * 5.0 / 9 为其赋值，表达式中包括变量 F，常量 32、5.0 和 9。

1. 赋值表达式的说明

在赋值表达式中，同一个变量既可以出现在表达式的左侧，作为接收结果的左值变量，也可以出现在表达式的右侧，作为表达式的一部分参与运算。例如，赋值表达式 x = x + 1 的计算过程如下：①取出变量 x 对应存储空间中保存的数值；②计算该值与常量 1 的和；③将计算结果保存到变量 x 对应的存储空间中。赋值表达式 x = x + 1 计算过程的反汇编代码如图 2-7 所示。

```
00C113E9 8B 45 F8          mov     eax,dword ptr [x]
00C113EC 83 C0 01          add     eax,1
00C113EF 89 45 F8          mov     dword ptr [x],eax
```

图 2-7　赋值表达式 x = x + 1 对应的反汇编代码

因为赋值运算符的本质功能就是先计算右侧表达式的值，然后将该值存储到变量所对应的存储空间中，因此赋值运算符的左侧只能是变量，不能是常量或表达式。

赋值运算符遵循自右向左结合的原则。例如，赋值表达式 a1 = a2 = a3 = 10 的处理过程如下：①将 10 赋值给变量 a3，变量 a3 的值为 10，赋值表达式 a3 = 10 的值为 10；②表达式可简化为 a1 = a2 = 10，将 10 赋值给 a2，变量 a2 和表达式的值均为 10；③表达式可简化为 a1 = 10，将 10 赋值给 a1，变量 a1 和表达式的值均为 10。经过上述处理后，赋值表达式 a1 = a2 = a3 = 10 的值为 10，变量 a1、a2 和 a3 的值均为 10。

2. 赋值表达式的注意事项

（1）赋值表达式的实际赋值结果与接收变量有关

当赋值运算符右侧计算结果的数据类型与左侧接收变量的数据类型不一致时，赋值结果会出现与预期不一致的情况。若赋值运算符两侧的数据类型兼容，以左值变量的数据类型为基准，自动将计算结果截断或按默认规则转换，然后赋值给左侧变量；若赋值运算符两侧的数据类型不兼容，则会出现类型不匹配无法转换的编译错误。下述代码段给出了赋值过程中数据类型转换的示例。

```
1  int a = 10.6;        //截断警告:从"double"转换到"int"可能丢失数据
2  int b = 10.4;        //截断警告:从"double"转换到"int"可能丢失数据
3  double c = "H";      //错误:无法从"char [2]"转换为"double"
4  double d = 10;       //自动转换: 10.000000
```

代码段中，第 1 行和第 2 行试图将一个双精度浮点型常量赋值给整型变量，两者数据类型兼容，可以自动转换，转换时将截断双精度常量的小数部分，从而导致部分数据丢失，编译器会给出相应的警告信息；第 3 行试图将一个字符串常量赋值给 double 型变量，两者数据类型不兼容，无法完成转换，编译器会给出编译错误信息；第 4 行将整型常量赋值给 double 型变量，数据类型兼容且 double 型数据所占存储空间和精度都高于整型，可以自动转换，不会出现溢出问题（可以想象将小杯子里的水倒入大杯子）。

（2）赋值表达式的实际赋值结果与二进制转换有关

涉及浮点数的赋值表达式可能会出现实际赋值结果不精确的现象。例如，下述代码段中的变量赋值与实际输出结果不一致。

```
1  float fdata = 1010.1f;//1010.099976
2  double ddata = 101010101010.1;//101010101010.100010
3  printf("%lf %lf", fdata, ddata);
```

代码段中，第 1 行试图将浮点型常量 1010.1f 赋值给 float 型变量 fdata，实际赋值结果却为 1010.099976；第 2 行试图将浮点型常量 101010101010.1 赋值给双精度浮点型变量 ddata，实际赋值结果却为 101010101010.100010。出现类似上述现象的根本原因是数据存储空间限制和十进制数据到二进制数据的转换限制。数据在计算机中存储有类型限制，当赋值数据超出实际数据类型所能表示的存储范围时，赋值过程就涉及对数据进行截断。计算机内部使用二进制存储数据，输入的十进制数需要转换为指定位数的二进制数（不同数据类型有固定的占用字节数），某些十进制数在进行转换时会形成二进制循环小数。二进制小数对应的权值分别为 $2^{-1}=0.5$、$2^{-2}=0.25$、$2^{-3}=0.125$、$2^{-4}=0.0625$、…，若待转换十进制小数部分在位数限制范围内能表示为上述权值的组合就可以精确表示，否则只能近似表示。例如，十进制小数 0.1 转换为二进制小数，结果为 0.000$\boxed{1100}$1100… 这样的循环小数（循环节为 1100）。受数据类型的存储空间限制，超出位数限制的有限二进制小数、无限循环二进制小数和无限不循环二进制小数只能截断后近似保存。

2.7　输入/输出

编写代码时，不可避免地需要与用户进行交互，对数据进行输入和输出处理。C 语言并未内置输入/输出语句，而是以标准库的形式提供了输入/输出函数、字符串处理函数、存储管理函数、数学函数及其他相关函数。

当代码中需要使用输入/输出库函数时，需要在引用这些函数之前（通常在文件的开头处）添加标准输入/输出头文件包含语句#include<stdio.h>。

2.7.1　printf( )格式化输出函数

printf( )函数是格式化输出函数，将数据按设定的格式输出到标准输出设备上（显示器）。在前述章节的示例中已多次使用过 printf( )函数，其声明如下：

```
int printf(const char * format, …);
```

printf( )函数的返回值为 int 型变量，第一个参数为格式控制字符串，其后为待输出数据项列表。

1. 函数的返回值

当函数执行成功时，返回值为所有输出的字符数目。

2. 格式控制字符串

格式控制字符串用于设置输出格式，可以包含普通字符、格式转换符和转义字符三种类型。格式控制字符串中的普通字符会保持原样直接输出。转义字符及其含义在 2.5.2 小节的表 2-7 中有详细说明。

格式转换符由%及其后的格式控制字符组成，用以说明输出数据的形式、输出长度、小数位数和对应数据类型等。其基本样式如下：

```
%[flags][width][.precision][length]type
```

其中，格式控制字符是必须指定的，[]内为可选项。

（1）格式控制字符

格式控制字符（type）用以表示输出数据的类型。待输出数据的数据类型必须与格式控制字符严格匹配。常用格式控制字符如表 2-8 所示。

表 2-8　printf( )函数常用格式控制字符

格式控制字符	意义	示例
d 或 i	带符号十进制整数（正数不输出符号）	-2042、2042
u	无符号十进制整数	65535
o（非数字 0）	无符号八进制整数（不输出前缀 0）	3772
x	无符号十六进制整数	7fa
X	无符号大写十六进制整数	7FA
f 或 F	十进制浮点数	-2042.65
e	科学记数法输出浮点数	-2.04265e+2
E	科学记数法输出浮点数（大写）	-2.04265E+2
g	以%f 或%e 中最短的宽度输出浮点数	-2042.65
G	以%F 或%E 中最短的宽度输出浮点数	-2042.65
c	单个字符	x
s	字符串	I love China
p	地址	0024FDB0

程序清单 2-6 中列出了常用格式控制字符的使用方法示例。

程序清单 2-6　　　　ex0206_format_characters.c

```
1  int base = 2042;
2  unsigned int count = 65535;
3  double data = -2042.65;
4  char ch = 'x';
5  printf("%d\t%i\t%u\n", base, -base, count);
6  printf("%f\t%e\t%E\t%g\t%G\n", data, data, data, data, data);
7  printf("%c\t%s\t%p\n", ch, "I love C", &base);
```

程序清单 2-6 中，除了使用常用格式控制字符外，还使用了转义字符。第 7 行中，&base 输出项的含义是取变量 base 的存储地址。

（2）标志项

标志项（flags）字符有-、+、#、空格和 0，其含义如表 2-9 所示。

表 2-9 标志项字符及其含义

标志项字符	含义
-	结果左对齐，右边填充空格。默认是右对齐，左边填充空格
+	强制输出数字符号（默认正数不输出正号）
空格	输出值为正时加上空格，为负时加上负号
#	在 o、x、X 之前时，八进制增加前缀 0，十六进制增加前缀 0x、0X 在 e、E、f、g、G 之前时，强制输出小数点。默认如果使用 .0 控制不输出小数部分，则不输出小数点 在 g、G 之前时，同时保留小数点及小数位数末尾的零
0	填充时，使用 0 替换默认空格

程序清单 2-7 列出了常用格式控制标志项的使用方法示例。

程序清单 2-7　　　　　　ex0207_format_characters2.c

```
1  printf(" %d\n", 2042);                    //默认右对齐,左边补空格
2  printf(" %-5d\n", 2042);                   //左对齐,右边补空格
3  printf(" %+d %+d\n", 2042, -2042);         //输出正负号
4  printf(" % d % d\n", 2042, -2042);         //正号用空格替代,负号输出
5  printf(" %x %#X\n", 2042, 2042);           //输出 0x 0x 前缀
6  printf(" %0f %#0f\n", 2042.00, 2042.00);   //小数为 0 时仍输出小数点
7  printf(" %g %#E\n", 2042.00, 2042.00);     //保留小数点后的 0
8  printf(" %05d\n", 2042);                   //前面补 0
```

（3）输出最小宽度

输出最小宽度（width）用于控制输出所占用的最少位数，用十进制整数表示。若待输出数据的实际位数超出设置的宽度，则按实际位数输出；若待输出数据的实际位数少于设置的宽度，则用空格或 0 补齐。

（4）精度

精度（precision）格式控制符是以"."开头的十进制整数。若待输出数据项是数字，则表示待输出的小数位数；若待输出数据项是字符，则表示待输出字符的个数。当待输出数据的实际位数大于所设置的精度数时，会四舍五入后截断超出部分。

（5）长度

常用的长度（length）格式控制符包括 h 和 l（long）两种，h 表示按短整型格式输出，l 表示按长整型格式输出。

程序清单 2-8 给出了 printf() 函数格式控制的综合示例。

程序清单 2-8　　　　　　ex0208_printf_example.c

```
1  printf(" %10.3f %4.2f\n", 2042.625, 2042.625);
2  printf(" %-10.3f %010.3f\n", 2042.625, 2042.625);
```

程序清单 2-8 中，第 1 行设置了第 1 个数据项的输出总宽度为 10，小数位数为 3，待输出数据 2042.625 的总数据宽度为 8 位，小数位数为 3 位，因此正常右对齐输出；第 2 个数据项的实际位数大于设置宽度，整数部分按实际输出，小数部分四舍五入后保留 2 位输出。第 2 行设置第 1 个输出项左对齐，第 2 个数据项空余部分以 0 进行填充。

2.7.2 scanf( )格式化输入函数

scanf( )函数是格式化输入函数，从标准输入设备（键盘）读取数据并将之存储到变量对应的存储地址中。scanf( )函数的声明如下：

```
int scanf(const char * format, …);
```

scanf( )函数的返回值为 int 型，第一个参数为格式控制字符串，其后为变量的存储地址列表。

1. 函数的返回值

当函数执行成功时，返回值为成功设置数据值的变量数目。当已经读取部分变量数据值后，遇到读取错误或到达文件尾部时，函数的返回值小于变量地址列表中的数目。若未能读取任何变量数据值就遇到读取错误或到达文件尾部，则函数的返回值为 EOF。

2. 格式控制字符串

格式控制字符串用于控制从输入流中提取数据，由若干组格式转换符构成。格式转换符由"%"及格式控制字符组成，用以说明待提取数据类型和格式，其基本样式如下：

```
%[*][width][length]type
```

其中，格式控制字符是必须指定的，[]内是可选项。

（1）格式控制字符

格式控制字符必须与待设置值的变量的数据类型严格匹配，scanf( )函数常用格式控制字符及其含义如表 2-10 所示。

表 2-10　scanf( )函数常用格式控制字符及其含义

格式控制字符	含义
d	读入十进制整数，可含+、-号
u	读入无符号十进制整数
o（非数字 0）	读入八进制整数（不输入前缀 0）
x	读入十六进制整数
f、e、g	读入十进制浮点数

续表

格式控制字符	含义
c	读入单个字符
s	读入字符串

（2）宽度

宽度为可选项，指明当前读取操作所能读取的最大字符数，使用较少。

（3）长度

长度信息用于修饰数据类型，字母 l（long）表示数据是"长"的，字母 h 表示数据是"短"的。例如，%ld 匹配 long int 型地址，%lf 则匹配 double 型地址。常用的长度与格式控制字符匹配信息如表 2-11。

表 2-11　常用的长度与格式控制字符匹配信息

长度字符	格式控制字符	含义
h	u、o、x	unsigned short int 型地址
l	u、o、x	unsigned long int 型地址
	f、e、g	double 型地址

（4）非格式控制字符

非格式控制字符包括空白字符（white-space character）和其他字符。空白字符包括空格、制表符和回车符等。scanf( )函数在读取操作中会自动略去输入中的空白字符，直至出现下一个非空白字符为止。空格和换行通常作为输入项之间的分隔使用。其他字符是除了格式转换符和空白字符外的字符。当格式控制字符串中包含其他字符时，scanf( )函数会从输入流中读取下一个字符，并将读取的字符与其他字符进行比较，若相同则丢弃该字符后继续读取，不相同时函数读取失败返回。

使用 scanf( )函数时，一定要记住"格式控制字符串内永远不要加其他字符"。如需要提供输入提示信息，通常先使用 printf( )函数输出提示信息，再使用 scanf( )函数读取。

3.　变量地址列表

scanf( )函数的作用是按格式控制字符串指定的格式从输入流中提取数据，然后将该数据存储到变量对应的存储空间中。格式控制字符必须与变量的数据类型严格匹配，格式控制字符用于确定待提取数据的类型，地址列表中变量的地址则指明了存储数据的起始位置，两者匹配才能将提取的数据存入变量所对应的存储地址中。

在 C 语言中，将"&"符号置于变量名前表示取变量的存储地址。例如，对于 int 型变量 data，&data 表示取其存储地址。

例 2-14　根据体重和身高信息计算身体质量指数（body mass index，BMI）。

BMI 是国际上常用的衡量成年人身体胖瘦程度及是否健康的一个标准。BMI 的计算公式为 BMI = weight / height^2，其中，weight 为体重（单位为千克），height 为身高（单位为米）。成年人 BMI 的正常范围为 18.5～23.9，BMI 低于 18.5 为体重过轻，BMI 介于 24～27 为体重偏重，BMI 介于 28～32 属于肥胖，BMI 超过 32 是非常肥胖的情况。

编写程序时，从问题提出到程序编写再到运行程序查看结果这一过程涉及问题提出者、程序设计者和代码使用者等角色。通常情况下，问题提出者和代码使用者是相同的。

1）问题提出者在生产和生活中发现需要解决的问题时，将问题进行分析和总结，并以适当的方式向程序设计者进行描述，为程序设计者提供必要的基础数据。

2）程序设计者根据描述对问题进行抽象和建模，并根据业务流程进行设计、编写代码和测试。当程序设计者对程序测试完毕时，就可以交付给代码使用者。

3）代码使用者只需要将待处理的数据交给程序，程序就应将期望的数据返回。代码使用者会将程序运行情况及时反馈给程序设计者，以便对程序进行维护和完善。

作为程序设计者，在编写代码时必须进行角色转换，从问题的来源和去向角度进行考虑：①需要考虑待解决的问题有多少已知数据；②在程序运行过程中，是否需要代码使用者的参与或干预，如果需要用户交互，则必须考虑异常数据的处理问题；③对已知数据和交互数据按照业务流程进行处理；④将处理结果以代码使用者需要的方式进行呈现。

编写计算 BMI 指数程序时，应该由代码使用者提供其身高和体重数据，程序根据公式 BMI = weight / height^2 计算出 BMI 指数值，再将结果输出。在此过程中，身高和体重数据涉及与用户的交互，需要使用 scanf( )函数才能获得；将 BMI 指数输出则需要使用 printf( )函数完成。程序清单 2-9 给出了计算 BMI 的示例代码。

程序清单 2-9   ex0209_BMI.c

```
1  double height, weight, BMI;
2  printf(" 请输入您的身高(米)和体重(千克)\n");
3  scanf("%lf%lf", &height, &weight);
4  BMI = weight / (height * height);
5  printf(" 您的BMI值为:%lf\n", BMI);
```

第 3 行代码中，scanf( )函数的格式控制串使用%lf 说明地址列表中对应的地址应为 double 型变量的地址，即要从输入流中提取两个 double 型数据并存储到 double 型变量 height 和 weight 对应的存储空间中。地址列表中使用取地址符号"&"分别提供了 height 的存储地址&height 和 weight 的存储地址&weight。

若格式控制字符串中指定的格式与变量地址类型不符，则会出现无法设置变量值等问题。例如，将程序清单 2-9 中第 3 行修改为 scanf("%f%d", &height, &weight)，则实际运行结果与预期不符。通过调试工具观察发现，执行 scanf( )函数后，由于格式转换符%f 和%d 与变量地址&height 和&weight 不匹配，因此变量未能获得数据值，如图 2-8 所示。

名称	值	类型	^
⊟ ● &height	0x0064fb00	double *	
●	-9.2559604985006857e+061	double	
⊟ ● &weight	0x0064fb10	double *	
●	-9.2559592117432873e+061	double	∨

图 2-8　scanf( )函数格式不匹配的调试情况

例 2-15　构造形如"171.65 + 77.1"的算式。

从形式上看，形如"171.65 + 77.1"的算式包括一个浮点数、一个表示+号的字符和另一个浮点数，可以使用两个 double 型变量和一个 char 型变量获得输入信息，再利用 printf( )函数格式化输出。程序清单 2-10 给出了构造算式的示例代码。

程序清单 2-10　　　　　　　ex0210_make_expression.c

```
1  double weight, height;
2  char ch;
3  int res;
4  printf(" 请输入构成算式的各个量(如177.65 + 77.1)\n");
5  res = scanf("%lf%c%lf", &height, &ch, &weight);
6  printf(" %.2lf %c %.2lf\n", height, ch, weight);
```

程序清单 2-10 中，第 5 行代码通过格式控制字符串""%lf%c%lf""控制读入数据类型，"%lf"对应 double 数据类型，"%c"对应字符类型。当输入为"171.65 + 77.1"时，输出结果与预期不符。通过调试发现，变量 height、ch 和 weight 获得的实际值如图 2-9 所示。

名称	值	类型	^
● height	171.65000000000001	double	
● ch	32 ''	char	
● weight	-9.2559631349317831e+061	double	∨

图 2-9　变量 height、ch 和 weight 获得的实际值

由图 2-9 可见，变量 height 获得了输入数据 171.65000000000001，ch 的值 32 对应为"空格"的 ASCII 值，weight 未能获得有效输入值，从而导致了错误的输出结果。

出现上述问题的根本原因是 scanf( )函数对于格式转换符"%c"的处理。在 C 语言中，从标准输入（键盘）读取数据时，一般是带缓冲区的数据输入，用户输入的数据放入输入缓冲区中，当按 Enter 键后才完成该行数据的输入确认。输入缓冲区中包括数据、空格、换行等字符。scanf( )函数在读取数值型数据或字符串时，会从第一个非空白字符开始读取，自动忽略前面的空白字符，遇到空白字符结束该类型数据的输入。scanf( )函数对回车符并不进行处理，换行符会留在输入缓存区中。使用"%c"格式转换符时，空格、换行等均作为有效字符接收。当输入为"171.65 + 77.1"时，height 获得 171.65，

ch 获得 32（"%c" 匹配空格，ASCII 值为 32），weight 未获得有效值（"%lf" 匹配失败，读取结束），实际函数读取有效数据为 2 个，如图 2-10 所示。

名称	值	类型
height	171.65000000000001	double
ch	32 ' '	char
weight	-9.2559631349317831e+061	double
res	2	int

图 2-10　scanf( )函数实际读取数据及返回值

将输入 "171.65 + 77.1" 中的第一个空格替换为回车时，会出现相似的结果（"%c" 匹配换行，ch 获得换行符对应的 ASCII 值 10）。

解决该问题的方法是匹配 "%c" 时将额外的空白字符消耗掉，可以使用 getc( )函数、getchar( )函数来处理，或者使用 "%c"（在%前加一个空格）中的空格消耗空白字符从而达到正确匹配。将程序清单 2-10 中第 5 行代码替换为 "res = scanf("%lf %c %lf", &height, &ch, &weight);" 即可正确匹配，达到预期效果。

2.7.3　getchar( )函数

getchar( )函数用于从标准输入设备（键盘）获取一个字符。getchar( )函数的声明如下：

```
int getchar(void);
```

当函数执行成功时，返回读取到的字符；若执行失败，则返回 EOF。需要注意的是，该函数的返回值为 int 类型，并非预期的 char 类型。char 类型对应单字节无符号整数（表示范围为 0~255），int 类型对应有符号整数（通常为 4 字节）。因此，使用 getchar( )函数时应使用 int 型变量接收函数的返回值。

2.7.4　putchar( )函数

putchar( )函数用于将一个字符写到标准输出。putchar( )函数的声明如下：

```
int putchar(int character);
```

函数的参数 character 为待写入的字符。当函数执行成功时，将写入的字符作为返回值；若执行失败，则返回 EOF。

例 2-16　将键盘读入的小写字母转换为大写字母后输出。

小写字母 a~z 对应的 ASCII 值范围为 97~122，大写字母 A~Z 对应的 ASCII 值范围为 65~90，大小写对应字母间的 ASCII 值差值为 32。因此，只需将读入小写字母的 ASCII 值减 32，就可以获得对应大写字母的 ASCII 值。程序清单 2-11 给出了使用 getchar( )函数和 putchar( )函数及将小写字母转换为大写字母的示例代码。

程序清单 2-11　　　　　　　　　ex0211_getput_char.c

```
1  int ch1, ch2, ch3, ch4;
2  ch1 = getchar();  ch2 = getchar();
3  ch3 = ch1 - 32;   ch4 = ch2 - 32;
4  printf("转换后的大写字母为：%c %c\n", ch3, ch4);
5  putchar(ch3);  putchar(' ');  putchar(ch4);
6  putchar(10);
```

　　程序清单 2-11 中，第 1 行定义了 4 个 int 型变量 ch1、ch2、ch3 和 ch4，用来接收 getchar( ) 函数读入的字符及大小写转换的结果；第 2 行分别用 getchar( ) 函数读入两个小写字母并赋值给 int 型变量 ch1 和 ch2；第 3 行将 ch1 和 ch2 的 ASCII 值减去 32 后得到对应的大写字母 ASCII 值；第 4 行使用 printf( ) 函数以 "%c" 格式输出转换后的大写字母 ch3 和 ch4；第 5 行使用 putchar( ) 函数输出转换后的字符，达到与第 4 行相同的输出效果；第 6 行使用 putchar( ) 函数利用 ASCII 值输出换行符。

2.8　确定变量占用空间大小和表示范围

　　用 C 语言编写代码时，有时需要确定某种数据类型、某个变量或某个表达式的计算结果在当前系统下所占用存储空间的大小。C 语言提供了 sizeof( ) 运算符，用来获得指定数据类型所占用存储空间的大小。除此之外，limits.h 和 float.h 两个头文件中分别定义了整数类型和浮点类型相关的类型大小限制常量。

2.8.1　sizeof( ) 运算符

　　sizeof( ) 运算符用于返回以字节为单位的数据类型（对象、表达式等）所占用存储空间的大小，其基本用法为 sizeof(type)、sizeof (object) 或 sizeof(expr)，如 sizeof(char)、sizeof(3 + 2.5) 等。sizeof( ) 运算符常与数组联合使用，用来确定数组中的元素个数。

2.8.2　数据表示范围相关常量

　　C 语言提供了两个与数据类型大小限制相关的头文件：limits.h 和 float.h。其中，limits.h 头文件提供了包括 char、int、long 等在内的整数类型上下限相关的常量信息，float.h 头文件提供了浮点类型上下限相关的常量信息。

2.9 算术运算符与数据类型转换

运算符确定了表达式中操作数可以执行的数学操作、关系操作或逻辑操作。C 语言内置了丰富的运算符，包括赋值运算符、算术运算符、关系运算符、逻辑运算符、位运算符和其他杂项运算符。算术运算符指定了操作数所能进行的各类数值运算。

2.9.1 算术运算符和算术表达式

算术运算符包括基本算术运算符和自增自减运算符。由算术运算符、操作数和括号构成的表达式称为算术表达式。算术表达式的计算结果是一个数值，其数据类型由参与运算的各个操作数决定。

1. 基本算术运算符

基本算术运算符包括加"+"、减"–"、乘"*"、除"/"、取余"%"及正"+"、负"–"，如表 2-12 所示。

与运算符相关的操作数个数称为元（也称为目）。根据参与运算的操作数个数，可将算术运算符分为只有一个操作数的一元运算符（也称单目运算符）、有两个操作数的二元运算符和有三个操作数的三元运算符。

表 2-12 算术运算符

符号	名称	含义	操作数个数	示例	结果
+	加	加法	二目运算	3.3+2	5.3
–	减	减法	二目运算	34.5-12.3	22.2
*	乘	乘法	二目运算	3*5	15
/	除	除法	二目运算	9/2	4
%	模	取余	二目运算	9%2	1
–	负	一元求反	单目运算	–3	–3
+	正	一元求正	单目运算	+3	3

（1）正号"+"和负号"–"

正号"+"和负号"–"是一元运算符。正号"+"不改变操作数的值及符号，输入和输出时通常省略，如+2 通常表示为 2；负号"–"可用于获得某数的相反数，在代码中通常将变量乘以-1 来求相反数。下述代码段给出了求相反数的示例。

```
1  int a = 5;
2  int b = -a;
3  int c = -1 * a;
4  c = -1 * c;
```

代码段中，第 2 行利用负号将变量 a 的相反数-5 赋值给变量 b。第 3 行与第 2 行的效果相同，将-1 与变量 a 相乘，获得其相反数-5，并将-5 赋值给变量 c。第 4 行通过将变量 c 乘以-1 获得其相反数，利用这种方法可以获得-5、5、-5、5……这样的开关序列。

（2）加号 "+" 和减号 "-"

加号 "+" 和减号 "-" 作为二元运算符时，表示加法和减法，需要两个操作数。

（3）乘号 "*" 和除号 "/"

C 语言中使用 "*" 号表示乘法运算符，无法使用数学符号 "×"，也不可能使用 4a 这种形式的省略写法。下述给出了求圆周长的示例代码。

```
1  double pi = 3.14159;        //定义并设置圆周率值
2  double r = 3.3;             //定义并设置半径值
3  double  perimeter;          //定义周长
4  perimeter = 2 * pi * r;     //根据公式计算周长值
```

除法对应的运算符为 "/"。进行除法运算时，计算的结果取决于参与运算的操作数，若参与运算的两个操作数均为整数，则运算结果会保留商的整数部分而舍弃小数部分。以 9 和 2 为例，9.0 / 2、9 / 2.0 和 9.0 / 2.0 的结果均为 4.5，而 9 / 2 的结果则为 4。

在有负操作数的条件下，整数除法的结果依赖于具体的机器和编译器实现。

（4）取余 "%"

取余对应的运算符为 "%"，用于计算两数相除后得到的余数，只能对整型量求余数。余数的符号与被除数的符号相同，余数的绝对值小于除数的绝对值或等于 0。下述代码段给出了一些合法与非法使用取余运算的示例及对应结果。

```
1  int a = 3.14 % 3;   //错误：浮点数取余
2  int b1 = 9 % 2;     //结果为 1
3  int b2 = 9 % -2;    //结果为 1
4  int b3 = -9 % 2;    //结果为-1
5  int b4 = -9 % -2;   //结果为-1
```

利用取余运算可以解决许多问题。例如，可以通过 n % 2 的结果是否为 1 来判定变量 n 是否为奇数；若 n 为随机生成的一个正整数，通过 n = n % 100 + 1 可将 n 的取值范围映射到[1, 100]范围内。在数据结构和算法分析的相关示例中，可以使用取余运算解决约瑟夫环、循环链表和循环队列等问题。

2．算术运算符与赋值运算符相结合

在编写代码时，经常使用 a = a + b 这样的运算。计算该表达式时，首先取出变量 a

和变量 b 的值，然后计算 a+b，最后将计算结果保存回变量 a。表达式 a=a+b 涉及加法和赋值运算，并将结果赋值给（用"存回"更贴切）左值变量 a。C 语言中，可以将+、-、*、/和%等运算符与赋值运算符相结合进行简写，从而使表达更加精练。假定 a=9 和 b=2，表 2-13 给出了可以简写的运算符及示例。

表 2-13　简写算术赋值运算符及示例

简写符号	示例	a	b	过程
+=	a+=b	11	2	首先计算 a+b，然后将结果赋值给 a
-=	a-=b	7	2	首先计算 a-b，然后将结果赋值给 a
*=	a*=b	18	2	首先计算 a*b，然后将结果赋值给 a
/=	a/=b	4	2	首先计算 a/b，然后将结果赋值给 a
%=	a%=b	1	2	首先计算 a%b，然后将结果赋值给 a

在进行运算符简写时，需要注意+、-、*、/和%等算术运算符与赋值运算符=之间没有空格，写作+=、-=、*=、/=和%=。

3. 自增"++"和自减"--"运算符

编程过程中，将变量 x 的值增加 1 或减少 1 的操作非常频繁，可以使用 x=x+1 或 x=x-1 这样中规中矩的表达式来实现，也可以使用 x+=1 或 x-=1 这样简化的表达式来完成。C 语言中允许变量通过自增运算符"++"和自减运算符"--"进行自增或自减 1 操作，使用自增运算符"++"和自减运算符"--"完成上述操作更加简洁。

"++"和"--"运算符在具体使用时，可分为前缀++、后缀++和前缀--、后缀--，如++i、--i 为前缀操作，i++、i--为后缀操作。假定 a=3，表 2-14 给出了++和--运算符的示例及结果。

表 2-14　自增自减运算符及其示例

符号	用法	变量 a 值	表达式值
前缀++	++a	4	4
前缀--	--a	2	2
后缀++	a++	4	3
后缀--	a--	2	3

只有变量才可以使用"++"和"--"运算符。前缀自增/自减和后缀自增/自减的作用可以分为两个方面：一是对变量值的影响，二是对表达式值的影响。这两点应注意区分。

（1）前缀"++"和前缀"--"

前缀"++"和前缀"--"运算符在变量左侧，先对变量进行加 1/减 1 操作并将结果保存回变量，然后将变量的新值作为表达式的值。可以称前缀"++"为"先增值（加1）后引用"，称前缀"--"为"先减值（减1）后引用"。

（2）后缀"++"和后缀"--"

后缀"++"和后缀"--"运算符在变量右侧，先取变量的值作为表达式的值，然后对变量进行加1或减1操作。称后缀"++"为"先引用后增值（加1）"，后缀"--"为"先引用后减值（减 1）"。下述代码段给出了前缀"++"、后缀"++"、前缀"--"和后缀"--"运算符的示例代码。

```
1  int a = 3;             //a 为 3
2  int b = a++;           //a 为 4，b 为 3
3  int c = ++a;           //a 为 5，c 为 5
4  int d = a--;           //a 为 4，d 为 5
5  int e = --a;           //a 为 3，e 为 3
6  int f = a++ + ++a;     //取决于编译器实现
7  int g = a++ + (++a)++; //错误：(++a) 为表达式
8  (a + b)++;             //错误：表达式
9  3++;                   //错误：常量
10 a++;                   //与++a 作用相同
```

代码段中第 2 行，先取变量 a 的值 3 并将之赋值给变量 b，然后将变量 a 的值增 1 变为 4；第 3 行为前缀"++"，先将变量 a 增 1 变为 5，然后将变量 a 的值 5 赋值给变量 c；第 4 行和第 5 行为自减运算符，其运算结果可根据第 2 行和第 3 行类推。

第 6 行是极不推荐的混用法，不同的编译器和同一编译器的不同版本会存在不同实现方式。务必谨记，不应编写容易引起混淆、歧义及依赖具体编译平台的代码。

第 7～9 行均为错误用法，表达式和常量不能进行自增和自减运算。对于第 7 行中的子表达式(++a)++，看似变量在完成前缀自增后再进行后缀自增，实则不然，前缀自增(++a)的本质是表达式，表达式的计算结果是具体的数值，不能进行后缀自增。若(++a)++去掉前缀"++"或后缀"++"，其实际效果与第 6 行相当。

若"++"或"--"是一个语句中的唯一运算符，即单纯地对变量进行增1或减1操作，使用前缀或后缀自增/自减运算符的作用本质上没有区别。通常情况下，为了不引起歧义，尽量不要在表达式中使用自增/自减运算符。

2.9.2 算术运算符的优先级和结合性

当算术表达式中包含多种运算符时，就需要考虑各种运算之间的处理顺序，涉及算术运算符的优先级和结合性。

1. 算术运算符的优先级

优先级用来标识各种运算符在表达式中参与运算时的计算次序。在求解表达式时，总是先按运算符的优先次序由高到低进行求解，这与数学四则运算的求解规则"在没有括号的情况下，运算顺序为先乘除，再加减"是一致的。

当表达式中包含括号"( )"时，优先计算"( )"内的子表达式。因此，可以通过加"( )"的方式提高某个计算内容的优先级。

2. 算术运算符的结合性

在表达式中，若一个操作数两侧的运算符相同，需要根据运算符的结合性确定计算顺序。结合性用于解决表达式中出现连续两个及以上相同运算符时的运算顺序问题，通过运算符的结合性对运算顺序进行判断来确定该运算符是按照从左到右还是从右到左的次序执行操作。C 语言运算符的结合性分为左结合性和右结合性，当表达式中连续出现两个相同运算符时，具有左结合性的运算符（如+、-、*、/等）运算时从左至右依次执行，具有右结合性的运算符（如++、--等）运算时从右向左依次执行。

具有右结合性的运算符包括所有单目运算符、条件运算符和赋值运算符，其他运算符都具有左结合性。表 2-15 列出了算术运算符的优先级和结合性（完整列表见附录 B）。

表 2-15 算术运算符的优先级和结合性

优先级	运算符	名称	示例	结合性	目数
1	( )	圆括号	(a + b) * (a - b)	从左到右	
2	-	负号	b = -a	从右到左	单目运算符
	++	自增运算符	++a, a++		
	--	自减运算符	--a, a--		
3	/	除	a / b, 3 / 2	从左到右	双目运算符
	*	乘	2 * r, width * height		
	%	取余	n % 100 + 1		
4	+	加	a + b, 3.2 + 5	从左到右	双目运算符
	-	减	a - b, 3.2 - 5		

已知 a = 1，b = -5，c = 6，给出计算数学公式-(b + c) + [c - 4(a + b)]对应的代码并分析计算过程。根据数学公式编写代码时，首先需要将数学公式转换为合法的 C 语言表达式，然后根据初始条件定义相关变量并赋初值，才能完成计算过程及输出计算结果。数学公式-(b + c) + [c - 4(a + b)]对应的 C 语言表达式为-(b + c) + (c - 4 * (a + b))。

程序清单 2-12   ex0212_math_expression.c

```
1  #include <stdio.h>
2  int main()
3  {
4      int a = 1, b = -5, c=6;
5      long res = -(b + c) + (c - 4 * (a + b));
```

```
6    printf("%d\n", res);
7    return 0;
8 }
```

可以使用替换法分析表达式-(b + c) + (c - 4 * (a + b))的求解过程，将中间计算结果直接替换到表达式中。首先，表达式中括号 " ( ) " 具有最高优先级，先计算(b + c)还是先计算(c - 4 * (a + b))依赖于具体实现。本例中，选择先计算哪个 " ( ) " 内的子表达式都会得到相同结果，这里以自左向右的顺序进行。

1）将变量值代入(b + c)，得到中间结果 1。此时，表达式变为 res = -1 + (6 - 4 * (1 - 5))；

2）计算(c - 4 * (a + b))中的 (a + b)，即 (1 - 5)，表达式变为 res = -1 + (6 - 4 * (-4))；

3）计算 4 * (-4)，表达式变为 res = -1 + (6 + 16)；

4）计算(6 + 16)，表达式变为 res = -1 + 22；

5）获得计算结果 res = 21。

2.9.3 数据类型的转换

在设计 C 语言程序时，在表达式中经常会遇到不同数据类型的运算量之间的运算问题，如单精度型变量和整型变量相加，整型、单精度型、双精度等不同数据类型表达式进行混合运算等。在对变量进行赋值时，也经常会出现赋值表达式中左值变量数据类型与右侧表达式结果数据类型不同的情况。当一个运算符（除单目运算符外）涉及的几个操作数类型不同时，就需要通过预设规则将它们转换为某种共同的类型。因此，当具有不同精确度的数据类型进行混合运算或赋值时，都会涉及数据类型的转换。

C 语言提供了两种数据类型转换，分别是自动数据类型转换和强制数据类型转换。本节主要以数值型数据为例来讲解自动数据类型转换和强制数据类型转换，其他类型转换的规则相同。

1. 自动数据类型转换

自动数据类型转换的前提是待转换数据类型与目标数据类型是相容且可转换的。自动数据类型转换也称为隐式自动数据类型转换，是由编译器自动完成的数据类型转换。自动数据类型转换会在计算表达式过程中或者赋值过程中发生。自动数据类型转换按精度从低到高的顺序自动完成，转换过程是 "悄悄" 的，不需要程序设计者干预，自动把精度低的 "窄" 操作数转换为精度高的 "宽" 操作数，是不会丢失信息的转换。

（1）表达式中的自动数据类型转换

通常情况下，大多数非单目运算符参与运算时会在运算过程中引起转换，会自动将所有操作数转换为同一公共数据类型，类似数学中利用竖式进行加、减、乘、除运算时的对位过程。转换按数据长度增加的方向进行，以保证数值不失真或者精度不降低。

（2）赋值运算中的自动数据类型转换

在赋值过程中，需要先计算赋值运算符右侧表达式的值，若表达式结果的数据类型与左值变量的数据类型不一致且左值变量的数据类型为精度高的数据类型，会自动将其转换为左值变量的数据类型。

2. 强制数据类型转换

当隐式数据类型转换不能达到预期效果或者程序设计者需要明确对数据类型转换过程进行干预时，可以使用强制数据类型转换将操作数转换为所需要的数据类型。程序设计者需要慎重考虑强制数据类型转换，必须确定转换的源数据类型和目标数据类型应是可以转换的，或者确知并能承担转换操作的结果及转换可能带来的后果。强制数据类型转换分为隐式强制数据类型转换和显式强制数据类型转换两类。

（1）隐式强制数据类型转换

隐式强制数据类型转换发生在赋值过程及函数调用过程中。在赋值表达式中，若接收数据的左值变量数据类型精度低但赋值运算符两侧的数据类型是可以转换的，会将赋值运算符右侧的操作数强制转换为左值变量的数据类型数后再完成赋值操作。若函数定义时规定的返回值数据类型精度低于实际返回值的数据类型，需要将实际返回值强制转换为规定的函数返回值数据类型后再将值返回。隐式强制数据类型转换可能会导致数据失真或者精度降低，如赋值语句"int var = 3.5;"将浮点数 3.5 赋值给整型变量 var 时会自动进行截断并丢弃小数部分。

大多数编译器能检测出隐式强制数据类型转换过程中可能导致的数据丢失问题，并给出警告信息。图 2-11 展示了自动数据类型转换时出现与预期不符的精度损失问题。

图 2-11（a）中，float 型变量 f 的实际计算结果近似于 21.3，而非预期的 21.55。出现上述结果的原因包括三个方面：

1）表达式计算导致的精度损失。在处理赋值运算符右边的表达式时，按照运算符的优先级，先计算 i / 4。除法运算符"/"的两个操作数均为整数，数据类型一致，不需要进行类型转换，计算的结果进行小数截断，只保留整数部分，从而导致最终的计算结果比预期值少了 0.25。

2）赋值过程中自动数据类型转换导致的精度损失。赋值运算符右边的表达式的计算结果为 double 型，将 double 型转换为 float 型时可能会出现精度损失，有些编译器在编译时会给出图 2-11（a）所示的警告信息。

3）二进制小数存储受位数限制导致的精度损失。关于二进制小数存储受限导致的精度损失在前述章节已经阐明。假定以 2 字节（16 位）存储浮点数 0.3，对应的二进制小数为.0100110011001100110011，转换为十进制结果为.299999237060546875，从而导致了误差的进一步增大。

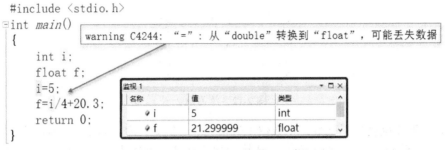

（a）double自动数据类型转换为float导致精度损失

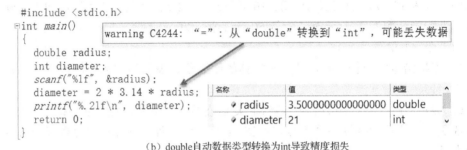

（b）double自动数据类型转换为int导致精度损失

图 2-11　自动类型转换导致的精度损失

图 2-11（b）中，double 型变量 diameter 的实际计算结果为 21，而非预期的 21.98，赋值时的隐式强制数据类型转换导致了上述结果。

（2）显式强制数据类型转换

为了提高程序设计的灵活性和可控性，C 语言提供了显式强制数据类型转换，明确地将一种数据类型转换为另一种数据类型。显式强制数据类型转换语法格式如下：

```
(type)(expr);
```

type 是目标数据类型，是任何已知的合法数据类型，如 int、double 等基本数据类型，也可以是用户自定义的数据类型。expr 是待转换的量，可以是常量、变量或者一个合法的表达式，在不引起歧义的情况下也可以省略 expr 对应的括号。例如，int a = (int)(1.7) 将 double 型常量 1.7 强制转换为 int 值后赋给变量 a，double f = (double)(1) / 2 将整型常量 1 强制类型转换为 double 型后参与表达式运算。需要注意的是，double f = (double)(1) / 2 与 double f = (double)(1 / 2)结果是不同的，前者 f 的值为 0.5，后者 f 的值为 0.0。

程序设计练习

1．计算一元二次方程 $ax^2 + bx + c = 0$ 的判别式的值。

2．根据给定的 4 个整数，输出图 2-12 所示的数据。例如，输入为 1 2 3 4，输出结果如图 2-12 所示。

```
x          x^2        x^3
1          1          1
2          4          8
3          9          27
4          16         64
```

图 2-12　练习题 2

3．计算 4 位以内正整数各个数位上数值的和。例如，输入为 1234，输出结果为 10。

4．根据用户输入购物的金额，计算用户应付各个面额人民币的数量，其中人民币的面额分别为 100 元、50 元、20 元、10 元、5 元、2 元、1 元、5 角硬币和 1 角硬币。例如，当购物金额为 77.6 元时，应付 50 元 1 张，20 元 1 张，5 元 1 张，2 元 1 张，5 角硬币 1 个，1 角硬币 1 个。

5．根据给定的半径和高，计算圆柱体的底面积、表面积和体积，其中圆周率取近似值 3.1415。

6．假定当前黄金交易价格为 1795.84 美元/盎司，人民币对美元的汇率为 1 人民币≈0.1563 美元，取近似换算关系 1 盎司≈28.34 克。编写程序计算指定克数黄金对应的人民币金额。

7．假设运动员在 t_1 时刻的速度为 v_1，在 t_2 时刻的速度为 v_2，编写程序计算运动员的平均加速度。

8．已知三维空间内两点的坐标 $p_1(x_1, y_1, z_1)$ 和 $p_2(x_2, y_2, z_2)$，编写程序计算两点间的欧氏距离的平方。公式如下：

$$d^2 = (x_2 - x_1)^2 + (y_2 - y_1)^2 + (z_2 - z_1)^2$$

9．编写程序计算地球上的两个物体之间的万有引力。万有引力公式如下：

$$F = G\frac{m_1 \times m_2}{r^2}$$

式中，$G = 6.6726 \times 10^{-11} \, N \cdot m^2/kg^2$，质量单位为 kg，距离单位为 m。

10．根据给定边长计算正六边形面积。其计算公式如下：

$$S = \frac{3\sqrt{3}}{2} \times a^2$$

式中，a 为正六边形的边长；$\sqrt{3}$ 取近似值 1.732。

第 3 章 分支控制结构

流程控制是计算机程序运行的关键，是程序设计者"运筹帷幄"指挥计算机按预先准备好的"锦囊"（命令）执行指令的必备手段。程序是指令的集合，流程控制则指明了指令集合中的指令以何种次序执行。

3.1 顺序控制结构

纵观程序代码，只要将观察的着眼点放得足够高，无论程序结构复杂与否，都可以用顺序控制结构来表述。"将镜头拉远"，以较大的尺度来观察，一切都变得非常简单，都是"从 main( )函数处开始执行，执行函数体，结束运行"这样一个"一帆风顺"的过程。

前面各章介绍的示例代码均是从前向后依次顺序执行的，从程序入口点 main( )函数处开始，先执行第一条语句，然后执行第二条……，一直到 main( )函数的最后一条语句，称为顺序控制结构。与顺序控制结构相关的语句均是较简单的语句，包括表达式语句、空语句及复合语句等。

3.1.1 表达式语句

1. 逗号运算符和逗号表达式

逗号","既是 C 语言中声明变量和参数时的分隔符，又是 C 语言的运算符。","作为运算符时称为逗号运算符，其优先级最低，运算对象可以是任意表达式。逗号运算符将两个及以上的表达式连接起来，连接后的表达式称为逗号表达式，其一般形式如下：

```
expr1, expr2,…, exprn
```

逗号表达式有计算次序，计算表达式时从左向右依次计算各个子表达式的值，整个逗号表达式的值为最右侧"表达式 n"的值。例如，int 型变量 a 和 b 的值均为 4，则逗号表达式"b + 4, 6 + 7"的值为 13，"a = 4 * 5, b * 3"的值为 12。

逗号表达式的主要任务就是执行各个子表达式，常用于控制结构相关变量的初始化、更新等操作，也常与赋值运算符结合使用。

2. 表达式语句

表达式语句由一个表达式和一个分号";"构成。表达式语句主要用来计算表达式的值和执行表达式的功能，许多操作需要用表达式语句来实现。下述代码段给出了表达式语句的示例。

```
1 int a = 3, b = 5, x = 6, y = 8;
2 int z = a + 5;
```

3.1.2 空语句

空语句是只有一个分号而没有表达式的语句，它不产生任何具体操作。空语句通常作为后续待添加功能语句的占位符。空语句是最简单的表达式语句。

3.1.3 复合语句

在一些流程控制中，若干个语句之间具有明显的依赖关系，相互之间构成了一个逻辑上不可分割的"原子"块，该"原子"块需作为一个整体进行处理。用一对花括号"{}"将若干逻辑上不可分割的语句括起来，构成一个"原子"块语句序列，称之为复合语句。

复合语句在语法上相当于一条语句，在任何可以使用语句的地方都可以使用复合语句。花括号"{}"是 C 语言中复合语句的界定符，左花括号"{"为复合语句的起始位置；右花括号"}"标志着复合语句的结束，作用与单条语句中作为结束符的分号";"一样。因此，右花括号"}"后不再需要分号。例如，程序清单 3-1 通过两个复合语句以两种方式实现了交换 int 型变量 x 和 y 的值。

程序清单 3-1   ex0301_compound_statement.c
```
1 int x, y;
2 scanf("%d%d", &x, &y);
3 {
4   int z = x;  x = y;  y = z;
5 }
6 {
7   x = x + y;  y = x - y;  x = x - y;
8 }
9 printf("%d %d\n", x, y);
```

3.2　关系运算符和关系表达式

若"将镜头拉近，以较小的尺度"观察程序代码就会发现，代码的执行过程并非一条笔直的大路，其"多姿多彩"，有"笔直的路"，也有各种各样的"岔路"，还有形形色色的"环岛"。因此，仅仅靠顺序控制结构完成代码的流程控制是远远不够的，编写代码时还涉及与条件成立与否相关的流程跳转控制。

流程控制结构能否跳转，跳转到哪里执行，关键在于控制条件。控制条件与比较运算密不可分，或者涉及大小的比较，或者涉及相等的比较。与条件相关的比较结果是逻辑值（真或假），当条件成立时比较结果为真（逻辑值为 true），条件不成立时比较结果为假（逻辑值为 false）。C 语言中没有专门表示真和假的布尔（bool）数据类型，无法直接表示 true 和 false，而是用 1 表示真，0 表示假。

3.2.1　关系运算符及其优先级和结合性

C 语言提供了六种关系运算符用于比较两个数据的大小，比较的结果为真或假。假设 a 和 b 的值分别为 5 和 6，a 和 b 进行六种比较运算的结果如表 3-1 所示。

表 3-1　关系运算符及其运算示例

关系运算符	数学符号	含义	示例	结果
<	<	小于	a < b	真
<=	≤	小于等于	a <= b	真
>	>	大于	a > b	假
>=	≥	大于等于	a >= b	假
==	=	等于	a == b	假
!=	≠	不等于	a != b	真

前四个关系运算符用于比较两个数据的大小，后两个关系运算符用于比较两个数据是否相等。其中，相等运算符为两个等号"=="，而非单个等号"="。

1. 关系运算符的优先级

关系运算符的优先级低于算术运算符。六个关系运算符中，比较相等关系的两个运算符"=="和"!="的优先级要比前四个关系运算符的优先级低，但高于赋值运算符。

2. 关系运算符的结合性

关系运算符是双目运算符，结合方向是从左向右。

3. 关系运算符的类型转换

关系运算符是双目运算符，其两边的操作数可以是任何相容的基本数据类型。若参与运算的两个数类型不一致但是可以转换，则先进行类型转换再进行关系运算。例如，计算'a' > 70 时，先将字符'a'转换成其 ASCII 值 97，再与 70 进行比较，最后得到结果为真。

3.2.2 关系表达式

使用关系运算符将两个结果类型相容的表达式连接起来构成的表达式称为关系表达式。关系表达式主要用来测试流程控制条件是否成立，计算结果为真或假。例如，a <= b、c > a + b、(a = 10) < -(b - 3)及 'a' > 'b'等都是合法的关系表达式。

3.2.3 使用关系运算符的注意事项

使用关系运算符比较两个整数时，比较结果是确定的，但比较两个浮点数时需要注意一些细节。由于十进制小数转换为二进制小数时可能出现存储位数限制导致的精度损失，因此直接使用“==”比较两个实数时，往往会导致判断错误。

例如，程序清单 3-2 中定义了两个 double 型变量 a 和 b，经过运算后，a 和 b 的值均应当为 5.3。然而，由于精度损失，导致变量 a 和 b 的实际值可能分别是 5.2999999999999998 和 5.3000000000000007，从而关系表达式 a == b 的计算结果为 false。

程序清单 3-2　　ex0302_relation_operator.c

```
1  double a, b;
2  a = 5.3; b = 2.6 + 2.7;
3  printf("%d", a == b);
```

通过添加断点，获得变量 a 和 b 的值（图 3-1），显然表达式 a == b 的值为 false。

监视 1

名称	值	类型
a	5.2999999999999998	double
b	5.3000000000000007	double
a==b	false	bool

图 3-1　进制转换误差导致的关系运算结果与预期不符

因此，在判断两个实数 a 和 b 是否相等时，需要利用数学公式$|a-b|<\varepsilon$（ε为可容忍误差范围）来判断 a 和 b 之差的绝对值是否在容差范围内。例如，对于程序清单 3-2，可将第 3 行代码中的“a == b”改写为“(b - a) < 1e-5”。

由于 C 语言中没有提供布尔型数据类型，因此关系表达式的结果是一个整型数。当两个操作数满足关系运算符所指定的比较关系时，结果为 1，对应于逻辑真值 true；否则为 0，对应于逻辑假值 false。因此，关系运算的结果可以在算术表达式中使用。例如，赋值表达式 i = (3 < 5) + 8 中关系表达式 3 < 5 的结果为真，对应的值为 1，表达式化简为 i = 1 + 8，结果为 9。

3.3　逻辑运算符和逻辑表达式

关系运算符用来测试两个操作数之间的大小关系，比较的结果或者为真，或者为假。在实际编写代码时，流程控制条件往往是对多个简单条件进行组合。例如，解决《张丘建算经》[①]中的"百钱买百鸡"问题时，就需要同时使用两个关系表达式对钱的数目和鸡的数目进行限定。

3.3.1　逻辑运算符、逻辑表达式及其说明

逻辑运算符用于连接布尔型表达式，可以连接若干个关系表达式获得一个逻辑结果或将某个表达式的逻辑结果反转，逻辑表达式的最终运算结果为 true 或 false。由逻辑运算符将若干个结果为逻辑值的子表达式连接起来构成的表达式称为逻辑表达式，子表达式可以是逻辑表达式、算术表达式、关系表达式、赋值表达式等类型。在 C 语言中，逻辑真值 true 用 1 表示，逻辑假值 false 用 0 表示。

C 语言中提供了三个逻辑运算符，如表 3-2 所示。

表 3-2　C 语言的逻辑运算符

运算符	含义	示例	结果
&&	逻辑与	exprA && exprB	exprA 和 exprB 均为真时，结果为 true，否则为 false
||	逻辑或	exprA || exprB	exprA 和 exprB 均为假时，结果为 false，否则为 true
!	逻辑非	!exprA	exprA 为真时，!exprA 为 false，否则为 true

1. "&&" 运算符

"&&" 运算符也称逻辑与运算符，用于连接两个结果为逻辑值的表达式。当子表达式的值均为 true 时，结果为 true，否则为 false。表 3-3 给出了逻辑与运算符的真值表。

---

① 《张丘建算经》是一部数学问题集，由北魏的张丘建撰写，成书于公元 466～485 年。

表 3-3　逻辑与运算符的真值表

exprA	exprB	示例	结果
true	true		true
true	false	exprA && exprB	false
false	true		false
false	false		false

绝大多数情况下，不能直接使用数学关系式替代逻辑表达式对控制条件进行表述。例如，百分制成绩应满足数学关系式 $0 \leqslant s \leqslant 100$，对应的表达为 s >= 0 && s <= 100。下述代码段给出的表述是错误的。

```
1  double s = -10.75;
2  printf("%d", 0 <= s <= 100);
```

表达式 "0 <= s <= 100" 本质上是一个关系表达式，由两个运算符 "<=" 连接了三个运算量。在优先级相同的条件下，从左向右依次计算各子表达式的值：①s 的值为 -10.75，关系表达式 "0 <= s" 不成立，所以结果为 false，对应数值为 0；②表达式 "0 <= s <= 100" 可化简为 "0 <= 100"，显然该关系表达式的结果为 true，对应数值为 1。

2．"||" 运算符

"||" 运算符也称逻辑或运算符，是双目逻辑运算符，用于连接两个结果为逻辑值的表达式。当子表达式的值至少有一个为 true 时，结果为 true，否则为 false（子表达式结果均为 false）。表 3-4 给出了逻辑或运算符的真值表。

表 3-4　逻辑或运算符的真值表

exprA	exprB	示例	结果
true	true		true
true	false	exprA || exprB	true
false	true		true
false	false		false

例如，百分制成绩输入有误时，成绩 s 不在 0～100 之内，对应的关系可表述为 "s < 0 || s > 100"，即成绩小于 0 或成绩大于 100。

3．"!" 运算符

"!" 运算符也称逻辑非运算符，是单目逻辑运算符，用于反转结果为逻辑值的表达式计算结果。例如，百分制成绩应满足数学关系式 $0 \leqslant s \leqslant 100$，对应的表达式可以表述

为 "s >= 0 && s <= 100", 也可表述为 "!(s < 0 || s > 100)"。

4. 进一步说明

1) 逻辑与运算符 "&&" 和逻辑或运算符 "||" 是双目运算符, 结合方向为从左至右; 而逻辑非运算符 "!" 是单目运算符, 结合方向为从右至左。

2) 逻辑与运算符 "&&" 和逻辑或运算符 "||" 的优先级低于关系运算符, 而逻辑非运算符 "!" 的优先级高于关系运算符。

3) 逻辑运算符的操作数可以是任何结果为逻辑值的表达式。

3.3.2 使用逻辑表达式的注意事项

电路中存在短路时, 电流会 "避开" 有负载 (电阻) 的路径, 从无负载 (电阻) 路径由正极经过导线流回负极。短路时, 电流只经过了必要的最简路径到达负极, 并未流过原本需要经过的负载, 电流通过短路 "偷了个懒"。C 语言中, 对逻辑表达式求值时采取类似电路中 "短路" 的 "偷懒" 计算方式, 即逻辑表达式的 "短路" 运算。逻辑表达式的 "短路" 运算主要体现在逻辑与运算符 "&&" 和逻辑或运算符 "||" 相关的运算中。

在逻辑表达式的计算过程中, 并非所有表达式都会被执行。在逻辑表达式结果已经可以确定的情况下, 后续表达式会被忽略而不被执行。只有在逻辑表达式结果无法确定的情况下, 才会进行下一个表达式的求解。

1. 逻辑与运算的 "短路"

程序清单 3-3 为在某个列表中查找指定元素的框架, 其中给出了逻辑与运算符 "&&" 短路运算情况的示例。在列表中查找元素时, 采取逐元素比较的策略。若找到元素则不需要继续查找过程, 在未找到且仍在查找范围内时应继续查找过程。

```
程序清单 3-3          ex0303_logic_and.c
1  int found = 0, start, current, end;
2  scanf("%d%d", &start, &end);
3  current = start;
4  //处理代码: found 和 current 随处理改变
5  printf("%d\n", !found && current <= end);
```

第 5 行代码中, 逻辑表达式 "!found && current <= end" 只有在子表达式 "!found" 为 true (未找到元素) 时, 才需要判定子表达式 "current <= end" 的值。若指定元素在列表中, 则变量 found 的值为 true ("!found" 为 false, 对应结果为 0), 此时逻辑表达式

---

① 肯尼思·H.罗森. 离散数学及其应用[M]. 徐六通, 杨娟, 吴斌, 译. 8 版. 北京: 机械工业出版社, 2019. 逻辑等价式对应的两个德·摩根律: ¬(p ∧ q) = ¬p ∨ ¬q 和 ¬(p ∨ q) = ¬p ∧ ¬q。

"!found && current <= end"就变为"0 && current <= end",已经可以断定其值为假，因而子表达式"current <= end"会由于"短路"运算而不被求解。

2. 逻辑或运算的"短路"

程序清单3-4给出了关于逻辑或运算"短路"情况的示例代码。

```
程序清单 3-4                ex0304_logic_or.c
1  int month, even;
2  scanf("%d", &month);
3  even = month==2 || month==4 || month==6 || month==9 || month==11;
4  //与偶数月份相关的处理代码
```

第3行代码中，对于逻辑表达式"month == 2 || month == 4 || month == 6 || month == 9 || month == 11"而言，当变量month的值为2时直接"短路"，不再判定后续子表达式；当month的值不为2时，会继续判定子表达式"month == 4"，若month的值为4则直接"短路"；在month的值不为2且不为4的前提下，会判断子表达式"month == 6"。依此类推，若所有子表达式结果均为假，则逻辑表达式的值为假，变量even的值为0。

需要注意的是，在逻辑表达式的子表达式中应尽可能避免放置赋值、自增/自减等涉及变量值变化的项，这些项的执行状态是不可预料的。

例3-1 根据输入的年份写出判定闰年的逻辑表达式。

公历中设置闰年的目的是弥补公历年度天数与地球实际公转周期的时间差。闰年分为普通闰年和世纪闰年：①公历年份是4的倍数但不是100的倍数为普通闰年；②公历年份是世纪年份而且是400的倍数为世纪闰年。

因此，闰年应符合下述条件之一：①能被4整除，但不能被100整除；②能被400整除。其可用逻辑表达式(year % 4 == 0 && year % 100 != 0) || (year % 400 == 0)表示。

3.4 位 运 算

在编写涉及计算机底层及硬件相关的代码时，常常需要获取或设置某些寄存器的状态标志，需要对其中的某些位进行单独处理，这就涉及与位相关的运算。例如，CPU中的标志寄存器又称程序状态字（program status word，PSW），是一个16位的寄存器，用于存放条件标志和控制标志，包括处理器的状态及算术运算结果的状态等，如图3-2所示。

15	14	13	12	11	10	9	8	7	6	5	4	3	2	1	0
				OF	DF	IF	TF	SF	ZF		AF		PF		CF

图3-2 程序状态字及其标志位

3.4.1 位运算符

位运算是指按二进制逐位进行的运算，只能对整数进行位运算。通过位运算符可以对单字节或多字节数据中的某个数据位进行处理，包括清除、设定或倒置等。通过位运算符还可以将一个整数对应的二进制位模式向右或向左移动。C 语言提供了六种与位运算相关的运算符，包括位与运算符"&"、位或运算符"|"、位异或运算符"^"、位反运算符"~"、左移运算符"<<"和右移运算符">>"，各运算符含义及其运算示例如表 3-5 所示。所有位运算符均可与赋值运算符结合构成复合赋值运算符，复合赋值运算符左侧必须为变量。

表 3-5 位运算符含义及其运算示例

运算符	含义	x	y	示例	结果
&	位与			x & y	01000110 & 10011010 -------- 00000010
|	位或			x | y	01000110 | 10011010 -------- 11011110
^	位异或	0100 0110	1001 1010	x ^ y	01000110 ^ 10011010 -------- 11011100
~	位反			~x	1011 1001
<<	左移			x << 3	0011 0000
>>	右移			y >> 3	0001 0011

1. 位与运算符 "&"

位与运算符"&"为双目运算符，"&"运算符两侧的操作数以二进制补码形式参与运算。当两个二进制数位 p_1 和 p_2 进行位与运算时，运算结果的真值如表 3-6 所示。

表 3-6 位与、位或和位异或运算对应真值表

p_1	p_2	按位与结果	按位或结果	按位异或结果
0	0	0	0	0
0	1	0	1	1
1	0	0	1	1
1	1	1	1	0

两个操作数进行位与运算的步骤为：①若两个操作数类型不同，则以占用字节数较大的操作数为基准先进行补位，确保两个操作数的二进制补码位数相同；②将两个操作数的各个数位从高到低一一对位；③进行按位与运算，只有对应的两个二进位均为 1 时，结果位才为 1，否则为 0。

例如，16 位 short 型变量 x（01111111 00101110，0x7f2e）和 y（00110010 00011111，0x321f）进行位与运算 x & y，对应的代码段如下。

```
1  short x = 0x7f2e, y = 0x321f;
2  short t1 = x & y;
3  printf("%#X\t%d\n", t1, t1);
```

位与运算通常用于将整数的特定位置 0，用于清除这些二进制位的特定整数称为掩码。例如，16 位 short 型变量 x（01111111 00101110，0x7f2e）和 y（00110010 00011111，0x321f）分别使用掩码 0x00ff 和 0x7f8 进行按位与运算，将 x 的高 8 位置 0，将 y 的高 5 位和低 3 位置 0，对应的代码段如下。

```
1  short x = 0x7f2e, y = 0x321f, t;
2  t = x & 0x00ff;   y &= 0x7f8;
3  printf("%#X\t%d\n", t, t);
4  printf("%#X\t%d\n", y, y);
```

例 3-2 判断两个 IP 地址是否在一个网段。

IP 地址是一个 32 位的二进制数，是网络上主机的唯一标识，通常被分割为 4 个 8 位二进制数的形式，如 100.4.5.6。子网掩码也是一个 32 位的二进制数，用于屏蔽 IP 地址的一部分，以区别网络地址和主机地址。计算两个 IP 地址是否处于同一网段时，将各 IP 地址分别与子网掩码进行位与运算，若计算结果相同则两个 IP 地址处于同一网段，否则处于不同网段。程序清单 3-5 给出了判断两个IP地址是否处于同一网段的代码框架。

```
程序清单 3-5          ex0305_ip_mask.c
1  int ip_addr1 = 0xc985c764;//201.133.199.100
2  int ip_addr2 = 0xc985bc64;//201.133.188.100
3  int net_mask = 0xffffff00;//255.255.255.0
4  int net_id1 = ip_addr1 & net_mask;
5  int net_id2 = ip_addr2 & net_mask;
6  printf("%d\n", net_id1 == net_id2);
```

2. 位或运算符"|"

位或运算符"|"为双目运算符，运算符两侧的操作数以二进制补码形式参与运算。当两个二进制数位 p_1 和 p_2 进行位或运算时，运算结果的真值如表 3-6 所示。

两个操作数进行位或运算的步骤为：①若两个操作数类型不同，则以占用字节数较大的操作数为基准先进行补位，确保参与运算的两个操作数的二进制补码位数相同；

②将两个操作数的各个数位从高到低一一对位;③将两个操作数逐位进行位或运算,只要对应的两个二进制数位中任意一个为 1,结果位为 1,均不为 1 时结果位为 0。

例如,16 位 short 型变量 x(01111111 00101110)和 y(00110010 00011111)进行位或运算 x|y 时,对应的代码段如下。

```
1   short x = 0x7f2e, y = 0x321f;
2   short t = x | y;
3   printf("%#X\t%d\n", t, t);
```

位或运算通常用于将某个整数对应二进制数位中的特定位置 1,其他位保持不变。例如,对 16 位 short 型变量 x(01111111 00101110,0x7f2e)和 y(00110010 00011111,0x321f)分别使用掩码 0x7(十六进制)和 0177(八进制数)进行位或运算,将 x 的低 3 位置 1,将 y 的低 7 位置 1,其他位保持不变,对应的代码段如下。

```
1   short x = 0x7f2e, y = 0x321f;
2   short t1 = x | 0x7; //十六进制 0x7,将低 3 位置 1
3   short t2 = y | 0177;//八进制 0177,将低 7 位置 1
4   printf("%#X\t%d\n", t1, t1);
5   printf("%#X\t%d\n", t2, t2);
```

例 3-3 模拟某文档处理程序中设置选中文字的字体风格。

使用 WPS Office、MS Office 等文档处理软件时,常常需要对选中文字的字体风格进行设置。常用的字体风格包括粗体、斜体、下划线和删除线等。与图 3-3 描述的程序状态字类似,将每种字体风格定义为一个字体风格状态,各个状态对应的编码必须唯一,而且状态之间不能出现覆盖或者包含情况。假定以 2 字节(16 位)保存字体风格信息,将二进制位中第 1 位、第 2 位、第 3 位和第 4 位分别定义为粗体、斜体、下划线和删除线风格,对应二进制码值分别为 1、2、4 和 8,如图 3-3 所示。将字体风格对应的二进制码值称为掩码,各掩码值对应的二进制位只有 1 位为 1。

15	…	8	7	6	5	4	3	2	1	0
16384	…	128	64	32	16	8	4	2	1	0
字体风格	…					删除线	下划线	斜体	粗体	

图 3-3 字体风格掩码

设置控件的字体风格时,需要在原有字体风格的基础上添加需要的新字体风格。若直接设置字体风格值,会覆盖原字体风格信息,因此不能直接设置新的字体风格,应该通过位或运算在原字体风格的基础上将需要的字体风格标志位置为 1 来实现。程序清单 3-6 给出了设置字体风格的代码框架。

程序清单 3-6   ex0306_fontstyle.c

```
1  short fs_regular = 0, fs_bold = 1, fs_italic = 2;
2  short fs_underline = 4, fs_strikeout = 8;
3  short style = fs_regular;//获取原字体风格
4  style |= fs_bold | fs_italic | fs_underline;
5  printf("%#X\t%d\n", style, style);
```

程序清单 3-6 中,第 1～2 行定义了字体风格对应的掩码值,这些掩码值互不相同且对应的二进制位只有 1 位为 1;第 3 行代码获取了原字体风格设置值;第 4 行代码则利用按位或运算将粗体(bold)、斜体(italic)和下划线(underline)风格位置 1,其他位保持不变。最终效果是在原字体风格的基础上添加了粗体、斜体和下划线风格。

3. 位异或运算符 "^"

位异或运算符 "^" 为双目运算符,运算符两侧的操作数以二进制补码形式参与运算。当两个二进制数位 p_1 和 p_2 进行位异或运算时,运算结果的真值如表 3-6 所示。

两个操作数进行位异或运算的步骤为:①若两个操作数类型不同,则以占用字节数较大的操作数为基准先进行补位,确保两个操作数的二进制补码位数相同;②将两个操作数的各个数位从高到低一一对位;③进行位异或运算,只有对应的两个二进制位数值相异时,结果位才为 1,否则为 0。

例如,16 位 short 型变量 x(01111111 00101110)和 y(00110010 00011111)进行位异或运算 x ^ y,对应的代码段如下。

```
1  short x = 0x7f2e, y = 0x321f;
2  short t = x ^ y;
3  printf("%#X\t%d\n", t, t);
```

一个整数 x 与二进制全为 0 的掩码进行位异或运算时,结果保持不变,仍为 x;与二进制全为 1 的掩码进行位异或运算时,结果是对 x 逐位取反;x 与某个数 y 进行两次异或运算(x ^ y ^ y)的结果仍为 x。

通过联合使用位或和位异或运算可以实现位与对应的功能。例如,16 位 short 型变量 x(01111111 00101110,0x7f2e)先使用掩码 0x0ff0 进行位或运算,将 x 的中间 8 位置 1;再使用相同掩码 0x0ff0 进行位异或运算,将 x 的中间 8 位置 0;其他位保持不变,如程序清单 3-7 所示。

程序清单 3-7   ex0307_logic_xor.c

```
1  short x = 0x7f2e, mask1 = 0x0ff0, mask2 = 0xf00f;
2  short y = x;
3  printf("%#X\t%d\n", x, x);
4  x |= mask1;  printf("%#X\t%d\n", x, x);
5  x ^= mask1;  printf("%#X\t%d\n", x, x);
6  y &= mask2;  printf("%#X\t%d\n", y, y);
```

例 3-4　使用位异或运算交换两个整型变量的值。

程序清单 3-8 中，利用连续 3 个位异或运算实现了交换变量 x 和 y 的值。

```
程序清单 3-8                    ex0308_exchange_xor.c
1  int x, y;
2  scanf("%d%d", &x, &y);
3  printf("x = %d y = %d \n", x, y);
4  x = x ^ y;  y = x ^ y;  x = x ^ y;
5  printf("x = %d y = %d \n", x, y);
```

4. 按位取反运算符 "～"

按位取反运算符 "～" 为单目运算符，结合性为自右向左，功能是将整型操作数的二进制补码逐位取反，即原二进制位 1 变为 0，原二进制位 0 变为 1。

对于一个正整数 x 而言，有-x = ～x + 1 成立，即任意整数的相反数为其二进制补码逐位求反后加 1，这也是计算负整数对应二进制补码的一种方法。

例 3-5　验证正整数 x 的相反数为其二进制补码逐位求反后加 1。

程序清单 3-9 中，利用 int 型变量 y 保存了 x 的相反数，对 x 逐位求反后+1 并将之保存到 int 型变量 z 中，通过 printf( )函数输出结果来验证。

```
程序清单 3-9              ex0309_x_inverse.c
1  int x, y, z;
2  scanf("%d", &x);
3  y = -x;    z = ~x + 1;
4  printf("x = %#X y = %#X z = %#X\n", x, y, z);
```

5. 左移运算符 "<<"

左移运算符 "<<" 是双目运算符，各操作数必须为整数，其功能是将左移运算符 "<<" 左侧操作数的各二进制位向左移动右侧操作数之值对应的位数。左移过程中，左侧首部超出存储位数限制的位被丢弃，尾部产生的空位用 0 补充。需要注意的是，有符号数进行左移运算时可能会产生溢出现象。在未产生溢出的情况下，左移 1 位获得的结果相当于第 1 个操作数之值乘以 2。程序清单 3-10 中给出了左移运算的示例代码。

```
程序清单 3-10            ex0310_left_shift.c
1  short x = 0x7f2e, y = 0x321f;
2  short t1 = x << 1, t2 = y << 1;
3  printf("x(%#X) = %d y(%#X) = %d\n", x, x, y, y);
4  printf("x<<1(%#X) = %d y<<1(%#X) = %d\n", t1, t1, t2, t2);
```

short 型变量 x（01111111 00101110）的值为 32558，将其左移 1 位后高位 0 舍弃，低位补 0，其二进制位变为 11111110 01011100，对应的数值为-420，发生了溢出（原符号位为 0,左移后符号位为 1)。short 型变量 y(0011001000011111)的值为 12831,左移 1 位后其二进制位变为 01100100 00111110,对应值为 25662,实际效果为 y 值乘以 2。

6. 右移运算符 ">>"

右移运算符 ">>" 是双目运算符,各操作数必须为整数,其功能是将运算符 ">>" 左侧的操作数的各二进制位向右移动右侧操作数之值对应的位数。无符号数进行右移运算时,左侧产生的空位补 0;有符号数右移时,左侧产生的空位可能补 0,也可能补符号位(取决于计算机系统)。通常情况下,有符号数右移时,左侧产生的空位会补符号位,从而保证移位后数值符号不变。右移 1 位的功能相当于将第 1 个操作数之值除以 2。

例 3-6 利用右移运算将某整数的二进制编码转换为格雷码。

格雷码是弗兰克·格雷在 1953 年发明的,相邻编码间转换时只有 1 位编码发生变化,可以有效避免二进制编码计数组合电路中出现的亚稳态。二进制编码转化为格雷码的原理如下:格雷码的最高位与二进制编码的最高位相同,格雷码的次高位由二进制编码的最高位和次高位进行异或运算得到,其他位的计算规则与次高位相同,对应的转换公式为:①$g_{n-1} = b_{n-1}$;②$g_i = b_i \oplus b_{i+1}$,其中 $\oplus$ 为异或运算。对于 8 位二进制编码而言,由二进制编码到格雷码的转换过程如图 3-4 所示。

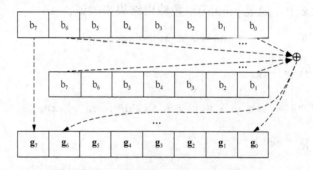

图 3-4 由二进制编码到格雷码的转换过程

从图 3-4 中可见,二进制编码转换为格雷码的过程就是将整数 x 右移 1 位后再与 x 自身进行位异或运算。程序清单 3-11 给出了二进制编码转换为格雷码的示例代码。

程序清单 3-11   ex0311_binary2gray.c

```
1  int num, gc;
2  scanf("%d", &num);
3  gc = num ^ (num >> 1);
4  printf("num(%#X) = %d gc(%#X) = %d\n", num, num, gc, gc);
```

3.4.2 运算符的优先级

当一个表达式中涉及多个运算符时,C 语言会依据优先级从高到低的顺序依次执行,总体原则如下：( )运算符>算术运算符>关系运算符>逻辑运算符>赋值运算符。当相邻运算符优先级相同时，需要根据其结合性对运算顺序进行判断。表 3-7 列出了到目前为止已经学习过的运算符及其优先级和结合性。

表 3-7　部分运算符及其优先级和结合性

优先级	运算符	名称	示例	结合性	目数
1	( )	圆括号	(a + b) * (a − b)	从左到右	
2	−	负号	b = -a	从右到左	单目运算符
	~	按位取反	b = ~a		
	++	自增	++a、a++		
	−−	自减	−−a、a−−		
	&	取地址	&a、&b		
	!	逻辑非	!a、!b		
	（类型）	强制类型转换	(int) a		
	sizeof	求长度	sizeof(int)		
3	/	除	a / b、3 / 2	从左到右	双目运算符
	*	乘	2 * a		
	%	取余	n % 100 + 1		
4	+	加	a + b、3.2 + 5	从左到右	双目运算符
	−	减	a − b、3.2 − 5		
5	<<	左移	a << 1	从左到右	双目运算符
	>>	右移	a >> 1		
6	>	大于	exprA > exprB	从左到右	双目运算符
	>=	大于等于	exprA >= exprB		
	<	小于	exprA < exprB		
	<=	小于等于	exprA <= exprB		
7	==	等于	exprA == exprB	从左到右	双目运算符
	!=	不等于	exprA != exprB		
8	&	按位与	a & b	从左到右	双目运算符
9	^	按位异或	a ^ b	从左到右	双目运算符
10	|	按位或	a | b	从左到右	双目运算符
11	&&	逻辑与	exprA && exprB	从左到右	双目运算符
12	||	逻辑或	exprA || exprB	从左到右	双目运算符
13	=	赋值及复合赋值	a = b、a += b	从右到左	
14	,	逗号运算符	exprA、exprB	从左到右	

3.5 选择结构

在解决实际问题的过程中，常常需要根据不同情况做出不同的响应行为，执行不同的处理步骤，从而获得相应的结果。下面给出一些常见的应用场景：①一个与身体健康相关的应用程序可能需要根据 BMI 指标给出饮食和运动建议；②天气预报播报员通常会根据未来 24 小时内的温度、湿度和风力等情况给出穿着和出行方面的建议；③在计算数学相关的问题时，需要根据判别式确定方程根的状态，根据矩阵秩的情况判定矩阵是否可逆及线性方程组是否有解等。

C 语言提供了多种分支控制结构，包括单分支 if 语句、双分支 if 语句、多分支 if 语句及适用于有限可列举情况的多分支 switch 语句。

3.5.1 单分支 if 语句

有些情况下，需要在满足一定条件时执行某些操作，若条件不满足则不进行任何操作，这时可以使用单分支 if 语句来处理。单分支 if 语句的一般语法格式如下：

```
if (bool_expr)
{
    statements;
}
```

其中，bool_expr 为任何结果为逻辑值的合法表达式，bool_expr 对应的括号"（ ）"不可省略。当复合语句中只有一条语句时，"{ }"可以省略，但建议始终保留。

需要根据 bool_expr 的计算结果判断是否执行单分支 if 语句。可以将单分支 if 语句想象为一个并联电路，当 bool_expr 结果为 true 时执行复合语句（导线分支断路，电流经过负载分支）；若结果为 false 则跳过当前结构，执行后续语句（导线分支为通路，形成短路，电流不经过负载）。图 3-5 给出了单分支 if 语句的执行流程。

例 3-7 计算并输出给定双精度浮点数 x 的绝对值。

程序清单 3-12 中给出了求浮点数 x 绝对值的示例代码。

程序清单 3-12　　　　　　　ex0312_abs.c

```
1 double x;
2 scanf("%lf", &x);
3 if (x < 0)
4   x *= -1;
5 printf("|x| = %lf\n", x);
```

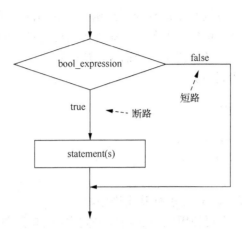

图 3-5　单分支 if 语句的执行流程

例 3-8　根据给定系数判断一元二次方程 $ax^2 + bx + c = 0$ 是否有实数根。

程序清单 3-13 给出了利用判别式确定一元二次方程是否存在实数根的示例代码。

程序清单 3-13　　　　　　ex0313_equation1.c

```
1 double a, b, c, delta;
2 scanf("%lf%lf%lf", &a, &b, &c);
3 delta = b * b - 4 * a * c;
4 printf("the equation has ");
5 if (delta >= 0)
6   printf("real");
7 printf(" roots");
```

编写流程控制相关代码时，最容易出现的一个问题是忽略使用复合语句。例如，例 3-8 中，当判别式 delta >= 0 时需要求解方程的两个实根，错误的示例代码如下。

```
1 if (delta >= 0)
2   x1 = ...;
3   x2 = ...;
4   printf("x1 = %lf, x2 = %lf", x1, x2);
```

代码段中，设计预期是当 delta >= 0 成立时，需要执行第 2～4 行代码；当条件不成立时，直接越过第 2～4 行代码，执行后续代码。然而，代码实际执行效果是：当 delta >= 0 时才会执行第 2 行代码，第 3～4 行代码无论 delta >= 0 是否成立均被执行。实际执行代码的排版效果如下述代码段所示。

```
1 if (delta >= 0)
2   x1 = ...;
3 x2 = ...;
4 printf("x1 = %lf, x2 = %lf", x1, x2);
```

产生上述结果的根本原因在于流程控制结构只对其后的一条语句有效,该语句可以是简单语句,也可以是复合语句。因此,当流程控制结构对应的条件成立时,若需要执行的操作超过一条语句,就必须使用复合语句,从而避免出现不易觉察和修复的逻辑错误。正确解决该问题的代码段如下。

```
1 if (delta >= 0)
2 {
3   x1 = ...;   x2 = ...;
4   printf("x1 = %lf, x2 = %lf", x1, x2);
5 }
```

例 3-9 对三个整数 a、b、c 进行升序排序。

对三个整数排序时,需要使用三个 if 语句来完成:①使用单分支 if 语句比较前两个整数 a 和 b,确保经过处理后的变量 a 为原 a 和 b 中的最小值,b 为原 a 和 b 中的最大值,即有 a<b 成立;②使用单分支 if 语句继续比较当前变量 a 和 c,确保经过处理后 a 为当前 a 和 c 中的最小值,c 为当前 a 和 c 中的最大值,此时 a 必定为原 a、b 和 c 中的最小值(b 和 c 的大小尚无法确定);③使用单分支 if 语句继续比较当前变量 b 和 c,确保经过处理后 b 为当前 b 和 c 中的最小值,c 为当前 b 和 c 中的最大值,至此已经完成三者的升序排序。程序清单 3-14 给出了使用单分支 if 语句对三个整数进行升序排序的示例代码。

程序清单 3-14   ex0314_ascent_sort.c
```
1 int a, b, c, tmp;
2 scanf("%d%d%d", &a, &b, &c);
3 if(a > b)
4 {tmp = a; a = b; b = tmp;}
5 if(a > c)
6 {tmp = a; a = c; c = tmp;}
7 if(b > c)
8 {tmp = b; b = c; c = tmp;}
9 printf("a = %d, b = %d, c = %d\n", a, b, c);
```

3.5.2 双分支 if 语句和条件运算符 "?:"

在分支控制结构中,不仅需要处理控制条件成立的情况,还需要对不成立的情况进行相应处理。

1. 双分支 if 语句

双分支 if 语句的一般语法格式如下:

if (bool_expr)

```
{
    true statements block;
}
else
{
    false statements block;
}
```

其中，bool_expr 为任何结果为逻辑值的合法表达式，if 对应的 "( )" 不可省略，两个分支通常使用复合语句。当 bool_expr 结果为 true 时，执行复合语句 "true statements block;"；若结果为 false，则执行复合语句 "false statements block;"。

双分支 if 语句的两个分支之间是互斥关系，包含了样本对应的定义域，有且仅有一个分支被执行。图 3-6（a）给出了双分支 if 语句的执行流程。双分支 if 语句的处理流程与单开关双负载的并联电路类似［图 3-6（b）］，当开关拨向左侧时相当于控制结构的 true 分支，拨向右侧则相当于控制结构的 false 分支。

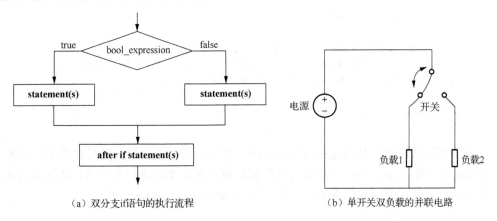

（a）双分支 if 语句的执行流程　　　　　　（b）单开关双负载的并联电路

图 3-6　双分支 if 语句的执行流程和单开关双负载的并联电路

例 3-10　模拟电商对订单的处理流程。当订单金额达到 99 元时免运费且可以使用 5 元优惠券，订单金额不足 99 元时需要支付 6 元运费。

程序清单 3-15 给出了使用双分支 if 语句计算订单实际支付金额的示例代码。

程序清单 3-15　　　　　　　　ex0315_freight.c

```
1  double total, real_pay;
2  scanf("%lf", &total);
3  real_pay = total;
4  if (total >= 99.0)
5    real_pay -= 5.0;
6  else
7    real_pay += 6.0;
8  printf("the real pay is %.2lf", real_pay);
```

例 3-11 使用双分支 if 语句求解一元二次方程 $ax^2 + bx + c = 0$ 的根。

程序清单 3-16 给出了使用双分支 if 语句求解一元二次方程根（实根或共轭复根）的示例代码。

程序清单 3-16　　　　　ex0316_equation2.c

```
1   #include <stdio.h>
2   #include <math.h>
3   int main()
4   {
5     double a, b, c, delta, x1, x2, m, n;
6     scanf("%lf%lf%lf", &a, &b, &c);
7     m = -b / (2 * a);    delta = b * b - 4 * a * c;
8     if (delta >= 0)/*求实根*/
9     {
10      n = sqrt(delta) / (2 * a);   x1 = m + n;   x2 = m - n;
11      printf("delta=%.2lf, x1=%.2lf, x2=%.2lf\n",delta, x1, x2);
12    }
13    else/*求共轭复根*/
14    {
15      n = sqrt(-delta) / (2 * a);/*求虚部*/
16      printf("delta=%.2lf, x1=%.2lf + %.2lfi",delta, m, n);
17      printf(", x2=%.2lf - %.2lfi\n", m, n);
18    }
19    return 0;
20  }
```

求解判别式时需要使用 sqrt( )函数进行开平方，需要在代码开始处包含数学函数头文件#include <math.h>。sqrt( )函数的功能就是对一个非负数进行开平方，传递给该函数一个非负数，该函数就会返回其平方根，如 double root = sqrt(25.7)。

2. 条件运算符 "?:"

在 C 语言中，可以使用条件运算符 "?:" 实现较简单的双分支 if 语句。条件运算符 "?:" 的一般语法格式如下：

```
expr1 ? expr2 : expr3
```

条件运算符 "?:" 是唯一的三目运算符。当 expr1 为真时，计算子表达式 expr2 并将其值作为整个表达式的值；否则计算子表达式 expr3 并将其值作为整个表达式的值。

使用条件运算符 "?:" 时，需要注意：

1）条件运算符 "?:" 的优先级介于逻辑或运算符 "||" 与赋值运算符 "=" 之间，低于逻辑或运算符 "||"，高于赋值运算符 "=" 和复合赋值运算符。

2）条件运算符 "?:" 的结合性为自右向左。条件运算符 "?:" 的右结合性是指在由多个条件运算符构成的复合表达式中，对于子表达式的组合遵循自右向左的原则，将最右侧的子表达式优先结合视为一个整体。例如，对于 expr_a ? expr_b : expr_c ? expr_d :

expr_e 而言，子表达式采用自右向左优先组合的原则应改写为 expr_a ? expr_b : (expr_c ? expr_d : expr_e)。计算该表达式时，首先计算 expr_a 的值，若计算结果为真，则计算 expr_b 的值并将其作为整个表达式的值；否则才会计算子表达式 expr_c ? expr_d : expr_e 的值并将之作为整个表达式的值。在实际编写代码过程中，对于易混淆之处，完全可以通过添加括号的方式来解决。

例 3-12　使用条件运算符求三个整数 a、b、c 中的最大值。

程序清单 3-17 给出了使用条件运算符求三个整数最大值的示例代码。

程序清单 3-17　　　　　　　　　ex0317_getmax.c

```
1  int a, b, c, max;
2  scanf("%d%d%d", &a, &b, &c);
3  max = a > b ? a : b;
4  max = max > c ? max : c;
5  printf("the maximum number is %d\n", max);
```

3.5.3　if 语句的嵌套

流程控制结构只对其后的一条（复合）语句有效，该语句既可以是诸如赋值语句一类的简单语句，也可以是由若干条语句构成的复合语句。若在 if 相关控制结构的条件分支中又包含了 if 控制结构，就会形成一个 if 结构中包含 if 结构的嵌套形式，称为 if 语句的嵌套。

1. if 语句嵌套

if 语句嵌套的一般语法格式如下：

```
if(bool_expr1)
{
    ...
    if(bool_expr2)
    {   statements block1;   }
    else
    {   statements block2;   }
    ...
}
else
{
    ...
    if(bool_expr3)
    {   statements block3;   }
    else
    {   statements block4;   }
    ...
}
```

例 3-13 计算分数对应的成绩等级。

分数处于[90，100]时成绩为 A 等，分数处于[80，90）时成绩为 B 等，分数处于[70，80）时成绩为 C 等，分数处于[60，70）时成绩为 D 等，分数低于 60 时为 E 等。

程序清单 3-18 给出了使用嵌套 if 语句求解成绩等级的示例代码。

程序清单 3-18   ex0318_gradezone.c

```c
1   #include <stdio.h>
2   int main()
3   {
4     double score;
5     char grade;
6     scanf("%lf", &score);
7     if(score >= 90.0)
8       grade = 'A';
9     else
10    {
11      if(score >= 80.0)
12        grade = 'B';
13      else
14      {
15        if(score >= 70.0)
16          grade = 'C';
17        else
18        {
19          if(score >= 60.0)
20            grade = 'D';
21          else
22            grade = 'E';
23        }
24      }
25    }
26    printf("score %.2lf equals to %c", score, grade);
27    return 0;
28  }
```

程序清单 3-18 中，通过嵌套 if 语句解决成绩等级的求解问题，采用先整体后局部的方式进行分段。其处理过程如图 3-7 所示，对应的流程如图 3-8 所示。

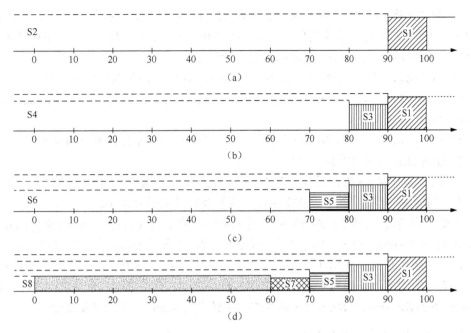

图 3-7　利用分段函数求解成绩等级的处理过程

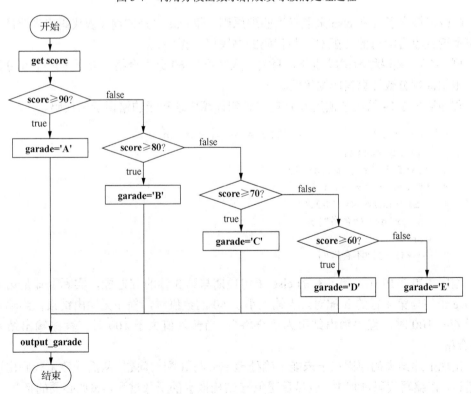

图 3-8　利用分段函数求解成绩等级的流程

1）整体上将成绩划分为两个分段，分段 S1 为第 7～8 行，对应条件为 score >= 90.0；分段 S2 为第 9～25 行，对应条件为 score < 90.0。整个分段函数使用一个 if…else 结构来处理，if 部分处理分段 S1，else 部分处理分段 S2。

2）对于分段 S2，采取相似的原则，以 score >= 80.0 作为判定条件，使用一个 if…else 结构来处理。第 11～12 行对应的 if 部分构成 S3 分段，第 13～24 行的 else 部分构成 S4 分段。

3）对于分段 S4，也采取相似的拆分原则，第 15～16 行的 if 部分构成 S5 分段，第 17～23 行的 else 部分构成 S6 分段。

4）继续对分段 S6 进行拆分，第 19～20 行的 if 部分构成 S7 分段，第 21～22 行的 else 部分构成 S8 分段。至此，分段函数对应的控制结构拆分完毕。

需要注意的是，分段 S2、S4 和 S6 的拆分条件中除了显式条件 score >= 80.0、score >= 70.0 和 score >= 60.0 之外，还包含了隐式条件。以 S2 分段为例，当流程控制转到 S2 分段时，说明条件 score >= 90.0 不成立，隐含了条件 score < 90.0，加上显式条件 score >= 80.0，S2 分段的实际条件为 score >= 80.0 && score < 90.0。同理，S4 分段的实际条件为 score >= 70.0 && score < 80.0，S6 分段的实际条件为 score >= 60.0 && score < 70.0。

2. if 和 else 嵌套的匹配原则

C 语言规定了 if 和 else 采取就近匹配原则，即 else 总是向前（依代码出现顺序）与距离最近且没有配对的 if 配对，与代码的书写格式无关。

例 3-14 某课程考试成绩分为两类：成绩不足 60 分不合格，介于 60～100 分为合格。根据课程分数计算其成绩等级。

程序清单 3-19 给出了使用双分支 if 语句计算成绩等级的错误示例代码。

程序清单 3-19　　　　　ex0319_else_mismatch.c

```
1  double score;
2  scanf("%lf", &score);
3  if(score >= 60.0)
4    if(score <= 100.0)
5      printf("合格");
6  else
7    printf("不合格");
```

程序清单 3-19 中，第 6 行的 else 子句预期与第 3 行的 if 匹配，实际上却是第 6 行的 else 子句与第 4 行的 if 配对。当输入小于 60 的数值时，程序无输出结果；当输入值介于 60～100 时，程序输出结果为"合格"；当输入值大于 100 时，程序输出结果为"不合格"。

出现上述结果的原因在于未能正确处理 else 与 if 配对问题，从而导致了代码出现逻辑错误。在编写代码过程中，应尽量避免 if 结构嵌套的层数过深，添加必要的括号"（）"

和花括号"{}"来保证代码无误且清晰易读，也可以通过其他合适的控制结构对嵌套 if 结构进行替换来达到同样的目标。修正后的示例代码如程序清单 3-20 所示。

程序清单 3-20　　　　　　ex0320_else_match.c

```
1  double score;
2  scanf("%lf", &score);
3  if(score >= 60.0)
4  {
5    if(score <= 100.0)
6      printf("合格");
7  }
8  else
9    printf("不合格");
```

3.5.4　多分支 if 语句

程序清单 3-18 提供的示例代码结构复杂、不易阅读，而且容易出现逻辑错误。归根结底是嵌套 if 结构试图用双分支结构解决分支结构有多个出口的问题，从而导致嵌套层数深、代码结构不清晰、条件之间容易互相覆盖、else 子句误匹配等逻辑错误。

编写多出口分支结构程序时，使用多分支 if 语句可以让代码结构更清晰和简洁。多分支 if 语句的一般语法格式如下：

```
if(bool_expr_1)
{statements block_1;}
else if(bool_expr_2)
{statements block_2;}
...
else if(bool_expr_n)
{statements block_n;}
else
{statements block_n+1;}
```

多分支 if 语句的执行流程如下：①当 bool_expr_1 结果为 true（非 0 值）时，执行复合语句"statements block_1;"中包含的所有语句；②若 bool_expr_1 结果为 false（0值），则判断 bool_expr_2，若结果为真则执行复合语句"statements block_2;"中包含的所有语句，否则继续判断 bool_expr_3，依此类推；③当所有控制条件都不成立且存在 else 子句时，执行 else 子句对应的复合语句"statements block_n+1;"中的所有语句。图 3-9 给出了多分支 if 语句的执行流程。

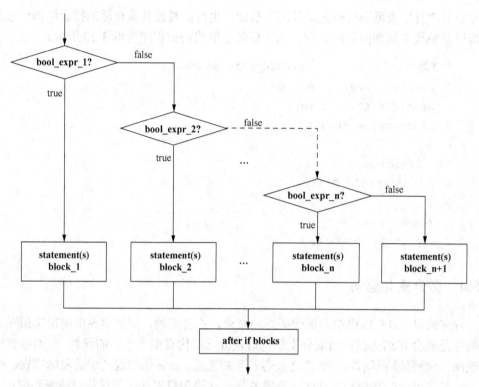

图 3-9　多分支 if 语句的执行流程

多分支 if 语句之后的语句在执行时，各个子分支的判定条件包括显式条件和隐式条件两部分，显式条件是 bool_expr_1、bool_expr_2、…、bool_expr_n，隐式条件则是当前分支之前各分支条件不成立时隐含的。例如，子分支条件 bool_expr_2 的真实条件为!bool_expr_1 && bool_expr_2，子分支条件 bool_expr_3 的真实条件为!bool_expr_1 && !bool_expr_2 && bool_expr_3，其他子分支的真实条件依此类推。

例 3-15　使用多分支 if 语句改写计算分数对应的成绩分段代码。

程序清单 3-21 给出了使用多分支 if 语句求解成绩分段的示例代码。

程序清单 3-21　　　　　ex0321_gradezone2.c

```
1   #include <stdio.h>
2   int main()
3   {
4     double score;
5     char grade;
6     scanf("%lf", &score);
7     if(score >= 90.0)
8       grade = 'A';
9     else if(score >= 80.0)
```

```
10      grade = 'B';
11   else if(score >= 70.0)
12      grade = 'C';
13   else if(score >= 60.0)
14      grade = 'D';
15   else
16      grade = 'E';
17   printf("score %.2lf equals to %c", score, grade);
18   return 0;
19 }
```

在实际编写类似代码时，各子分支的控制条件之间应是独立且互斥的关系，条件之间不能出现包含与被包含关系。合并各分支的控制条件将覆盖整个值域或值域的一部分。需要注意的是，覆盖范围大的条件不能出现在覆盖范围小的条件之前，否则后者没有被执行的机会。程序清单 3-22 给出了一个误用示例。

程序清单 3-22   ex0322_gradezone3.c

```
1  #include <stdio.h>
2  int main()
3  {
4    double score;
5    char grade;
6    scanf("%lf", &score);
7    if(score < 60.0)
8      grade = 'E';
9    else if(score >= 60.0)
10     grade = 'D';
11   else if(score >= 70.0)
12     grade = 'C';
13   else if(score >= 80.0)
14     grade = 'B';
15   else
16     grade = 'A';
17   printf("score %.2lf equals to %c", score, grade);
18   return 0;
19 }
```

程序清单 3-22 中，第 7 行和第 9 行的两个控制条件覆盖了整个数轴。其中，第 9 行代码对应的控制条件包含第 11、13 和 15 行所对应的控制条件，使得第 12、14 和 16 行代码根本无机会执行。因此，当输入成绩小于 60 时，输出结果为 E；输入成绩大于或等于 60 时，无论值为多少，输出结果均为 D。

例 3-16 判断输入字符所属类别。

程序清单 3-23 给出了判断输入字符所属类别的示例代码。

程序清单 3-23　　　　　ex0323_char_classification.c

```
1   #include <stdio.h>
2   int main()
3   {
4     char ch;
5     scanf("%c", &ch);
6     if(ch < 32)
7       printf("控制字符\n");
8     else if(ch == ' ')
9       printf("空格\n");
10    else if(ch >= '0' && ch <= '9')
11      printf("数字\n");
12    else if(ch >= 'A' && ch <= 'Z')
13      printf("大写字母\n");
14    else if(ch >= 'a' && ch <= 'z')
15      printf("小写字母\n");
16    else
17      printf("其他字符\n");
18    return 0;
19  }
```

程序清单 3-23 中，通过多分支 if 语句判断字符所属分类信息时，对于不容易记忆的 ASCII 值，可直接使用其对应的字符作为判断条件，只需记住一些有特殊意义的 ASCII 值和控制字符（如 10 为换行、32 为空格等）即可。

3.5.5　switch 语句

多分支控制结构中，若分支控制条件的测试结果为有限可列举的离散值，使用多分支 if 语句的代码会变得冗长，导致程序结构不清晰，容易引起混淆，使用 switch 语句是较好的解决办法。switch 语句是"多选一"的分支控制结构，与关键字 case 配合使用，比较测试表达式的值与 case 子句中对应常量的匹配情况，执行匹配 case 分支中对应的语句。switch 语句的一般语法格式如下：

```
switch (expr)
{
case const_expr_1:
    statement block_1; break;
case const_expr_2:
    statement block_2; break;
```

```
...
case const_expr_n:
    statement block_n; break;
default:
    statement block_n+1; break;
}
```

其中，测试表达式 expr 为任何合法的表达式，并且其值为有限可列举的离散值，如一月至十二月、星期一至星期日等。const_expr_1～const_expr_n 必须为常量表达式，值的类型须与 expr 的结果类型相容。例如，expr 的结果为 char 类型，则'A'、'#'等都是合法的匹配。break 为 C 语言的关键字，在 switch 结构中，break 语句的作用是跳出 switch 结构，继续执行该结构之后的代码。

switch 语句的执行流程如下：①计算表达式 expr 的值；②从第一个 case 子句的常量表达式 const_expr_1 的值开始尝试匹配，若匹配成功，则执行该 case 后边的所有语句，直到遇到 break 语句为止；③若匹配不成功，则继续尝试匹配后续 case 子句对应的常量表达式 const_expr_2～const_expr_n；④若与所有 case 子句的常量表达式的值都不匹配，且存在 default 分支的情况下，则执行 default 分支的所有语句，直至遇到 break 语句为止，否则什么都不执行。switch 语句的执行流程如图 3-10 所示。

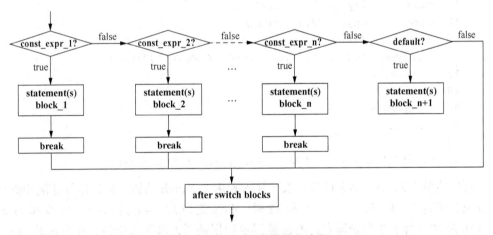

图 3-10　switch 语句的执行流程

应用 switch 语句解决问题时，case 子句对应的分支结束条件是遇到 break 语句，遇到 break 语句会跳出整个 switch 结构，未遇到 break 语句则一直向后执行。若某 case 子句对应的分支需要执行若干条语句，这些语句可以不写成复合语句的形式。利用 switch 语句的这一特性，在某些 case 子句对应的分支中不使用 break 语句，从而达到多个 case 子句共享一段代码的目的。另外，default 分支原则上可以放在 switch 结构中的任何位置。

例 3-17　根据输入年份和月份确定该月份的天数。

通过分析可知，某年中的月份是固定的，每个月份的天数也固定的（除 2 月份外），因此适合使用 switch 多分支控制结构来解决该问题。解题时，以月份作为 switch 的测试表达式，将除 2 月份之外的所有月份分别列出并进行处理，在每个 case 子句的最后添加 break 语句；处理 2 月份时，需要根据当前年份是否为闰年来做进一步处理。

程序清单 3-24 给出了由年份和月份确定天数的示例代码。

程序清单 3-24　　　　　ex0324_month_days1.c

```
1   int year, month, days = 0;
2   scanf("%d%d", &year, &month);
3   switch(month)
4   {
5   case 1:   days = 31;  break;
6   case 3:   days = 31;  break;
7   case 5:   days = 31;  break;
8   case 7:   days = 31;  break;
9   case 8:   days = 31;  break;
10  case 10:  days = 31;  break;
11  case 12:  days = 31;  break;
12  case 4:   days = 30;  break;
13  case 6:   days = 30;  break;
14  case 9:   days = 30;  break;
15  case 11:  days = 30;  break;
16  case 2://考虑闰年
17    if(year%400==0 || (year%4==0 && year%100!=0))
18      days = 29;
19    else
20      days = 28;
21    break;
22  }
23  printf("%d年%d月, 有%d天\n", year, month, days);
```

程序清单 3-24 中，第 3 行首先求解算术表达式 month 的值，然后进行匹配和处理。当 month 值为 1、3、5、7、8、10 和 12 时，days 值为 31；当月份为 4、6、9 和 11 时，days 值为 30。对于 2 月份而言，days 值需要根据是否为闰年来确定，在对应的 case 子句中先判断年份是否为闰年，然后设置 days 值。

从程序清单 3-24 中可以看出，当前代码较为冗长，可以利用 case 子句的结束条件为 break 语句这一特性来对之进行简写。简写后的代码如程序清单 3-25 所示。

程序清单 3-25　　　　　ex0325_month_days2.c

```
1   int year, month, days;
2   scanf("%d%d", &year, &month);
3   switch(month)
4   {
5   case 1: case 3: case 5: case 7: case 8: case 10: case 12:
```

```
6     days = 31;  break;
7   case 4:  case 6:  case 9:  case 11:
8     days = 30;  break;
9   case 2:
10    if(year%400==0 || (year%4==0 && year%100!=0))
11      days = 29;
12    else
13      days = 28;
14    break;
15  }
16  printf("%d年%d月，有%d天\n", year, month, days);
```

程序设计练习

1. 使用克莱姆法则求解二元一次方程组。

$$\begin{cases} ax + by = e \\ cx + dy = f \end{cases}, \quad x = \frac{ed - bf}{ad - bc}, \quad y = \frac{af - ec}{ad - bc}$$

当 $ad - bc \neq 0$ 时输出 x 和 y 的值，否则输出"方程无解"。

2. 给定两个正整数 m 和 n，根据分段公式输出函数值。

$$f = \begin{cases} m, & m < 2 \\ m + 2, & 2 < m \leqslant \sqrt{n} \\ m + 4, & \sqrt{n} < m \leqslant \frac{n}{2} \\ 0, & \frac{n}{2} < m \end{cases}$$

3. 输入两个整数 m、n 和一个符号，当输入符号是+、-、*和/（注意除 0 错误）时，计算对应运算的结果，输入符号为其他字符时显示错误信息。

4. 某地征收个人所得税时采取分段计费方式，具体征收标准如表 3-8 所示。编写代码，根据给定收入计算实际应缴具体税额。

表 3-8　个人所得税征收标准

工资水平/元	个人所得税/%	工资水平/元	个人所得税/%
1～5000（含）	0	30000～40000（含）	25
5000～8000（含）	3	40000～60000（含）	30
8000～17000（含）	10	60000～85000（含）	35
17000～30000（含）	20	>85000	45

5. 已知 1996 年为生肖鼠年，请根据输入的年份 year（year > 0）计算对应的生肖年份信息。例如，输入 2021，则输出为"牛年"。

6. 使用基姆拉尔森公式计算给定年、月、日对应的星期信息。基姆拉尔森公式如下：

$$w = [d + 2m + 3(m+1)/5 + y + y/4 - y/100 + y/400]\%7$$

式中，y 为年份；m 为月份；d 为日期。

需要注意，公式中 1 月和 2 月需要看作上一年的 13 月和 14 月，如 2021 年 1 月 20 日应换算为 2020 年 13 月 20 日。

7. 给定三角形的三边长度，若能构成三角形则计算三角形的周长，否则输出错误提示信息。例如，输入 1，2，3，则输出为"输入有误，无法构成三角形"。

8. 编写程序计算平面内的点 p 是否在圆 C 内。输入为点的 x 坐标、y 坐标和圆的半径 r，计算平面内点 p(x, y) 是否在以（0,0）为圆心、半径为 r 的圆 C 内。例如，输入 4，5，10.0，则输出为"点（4，5）在半径为 10.0 的圆内"；输入 9，9，10.0，则输出为"点（9，9）不在半径为 10.0 的圆内"。

9. 编写程序计算平面内的点 p 是否在矩形 R 内。输入为点的 x 坐标和 y 坐标、矩形的长度 len（水平方向）和宽度 wid（垂直方向），计算平面内点 p(x, y) 是否在以（0,0）为对称中心的矩形 R(len, wid) 之内。例如，输入 6，4，10，5，则输出为"点（6，4）不在长为 10 宽为 5 的矩形内"；输入 2，2，10，5，则输出为"点（2，2）在长为 10 宽为 5 的矩形内"。

10. 编写程序计算两个圆 C_1 和 C_2 是包含、重叠还是相离关系。输入为 C_1 的半径 r_1、坐标 x_1 和 y_1，C_2 的半径 r_2、坐标 x_2 和 y_2，计算 C_1 和 C_2 之间是包含、重叠还是相离关系。例如，输入为 0.5，5.1，13，1，1.7，4.5，则输出为"C1 与 C2 相包含"；输入为 3.4，5.7，5.5，6.7，3.5，3，则输出为"C1 与 C2 重叠"；输入为 3.4，5.5，1，5.5，7.2，1，则输出为"C1 与 C2 相离"。

第 4 章　循环控制结构

到目前为止，已经接触到的各个示例程序的数据量和代码量都较小。当待处理的数据量较大时，如使用莱布尼茨（Leibniz）定理求解圆周率的近似值、使用麦克劳林公式求解三角函数和自然常数的近似值，若逐项计算求解则需要定义大量变量，任务相当烦琐而且容易出错。上述问题虽然数据量较大，但参与运算的各个数据项之间有规律可循，可以使用一个通项公式进行表述，从而提供了简化代码的契机。

对于待处理数据量大、每项数据均需要执行相同或相似的规律性动作的问题，可以通过抽象和归纳将数据和操作变为有规律的语句块，在一定条件下反复执行这些语句块而求得结果。循环控制结构用于在一定条件下反复执行某些程序段。当循环控制条件成立时，将反复执行指定的程序段，直到条件不成立为止。给定的循环控制条件称为循环条件，反复执行的程序段称为循环体。在编写循环程序时，既要保证能够顺利进入循环处理数据，又要在解决问题之后能够从循环中适时退出。因此，要能够对循环的执行过程进行精准控制，循环执行之前设定执行目标（循环控制条件），随着工作的进行，需要不断修改循环控制条件，使之距离循环结束的边界条件越来越近。

C 语言提供了多种循环控制结构，包括 while 循环、do…while 循环和 for 循环。三种循环控制结构本质相同，但各有特点，实际编程时应根据需要和习惯进行选择。

4.1　while 循环

当型循环结构是使用非常频繁的一类循环结构，当指定的条件成立时会重复执行循环体内固定的代码块，循环控制条件由真变假后就不再执行，跳过循环结构执行循环之后的代码。while 循环是典型的当型循环结构，其一般语法格式如下：

```
while(bool_expr)
{
  statements block;
}
```

其中，bool_expr 是任何结果为逻辑值的合法表达式，statements block 通常是由多条语句构成的复合语句。

1）对结果为逻辑型的条件表达式 bool_expr 进行求解，若结果为假，则跳过循环，执行 while 循环结构之后的语句；若结果为真，则进入循环体，执行其中的语句序列。

2）循环体中语句执行完毕之后，重新跳转到 while 循环的开始处，继续执行 1）。

while 循环的执行流程图如图 4-1（a）所示。对比图 4-1（a）和图 4-1（b）可以看出，循环结构本质上与单分支 if 结构是相同的，是附加了无条件跳转的单分支 if 结构。

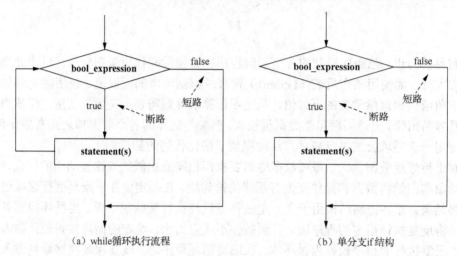

（a）while循环执行流程　　　　　　　　　（b）单分支if结构

图 4-1　while 循环执行流程与单分支 if 结构对比

简而言之，使用 while 循环需要考虑四个部分：与循坏相关变量的初始化或设置初始值；循环控制条件；循环体；修正与循环控制条件相关的变量，确保逐步接近终点。

例 4-1　根据用户给定的数值 count 输出 count 行字符串"欢迎学习 C 语言"。

若只是需要输出 3 行、5 行或者 10 行"欢迎学习 C 语言"，可以直接采取最直接的方法，即使用若干条输出语句来解决问题。考虑到 count 值由使用者输入，无法事先确定，所以该方法行不通。尽管具体次数不确定，但每次执行的操作相同，因此只要将待输出的信息重复输出 count 次即可，适合使用循环控制结构来解决该问题。

程序清单 4-1 给出了 while 循环输出 count 行"欢迎学习 C 语言"的示例代码。

程序清单 4-1　　　　　　　　ex0401_while1.c

```
1  int count, i = 1;
2  scanf("%d", &count);
3  while(i <= count)
4  {
5    printf("欢迎学习 C 语言\n");    i++;
6  }
```

程序清单 4-1 中，循环体的主要内容就是第 5 行代码，使用 printf( )函数输出"欢迎学习 C 语言"。为了确保第 5 行代码会重复执行 count 次，需要每输出一次"欢迎学习 C 语言"就计数一次，直到 count 次。将要计数的数值保存到 int 型变量 i 中。int 型变量 i 的初始值原则上可以是任何值，只要保证总数为 count 次就可以。为了与总次数 count

值匹配，而且能够复用 count 的值，将 i 的初始值设置为 1 更清晰，如第 1 行代码所示。根据以上分析，自然就会将循环的控制条件设置为 i <= count。

像程序清单 4-1 中变量 i 一样，用于控制循环执行次数，与循环次数同步变化的变量称为循环变量。循环变量的本质就是控制循环次数，其初始值原则上可以设置为任何合法值。但为了代码更清晰，循环变量的初始值通常需要根据循环终止条件进行设定。例如，程序清单 4-1 中对循环变量赋初始值完全可以写为 int i = 95，相应的循环条件就需要修改为 i <= 95 + count - 1，这样的循环条件就变得晦涩难懂。

需要非常注意的是，在 while 循环中必须不断修改循环变量的值，以使循环条件逐渐接近循环的终止条件，从而到达循环控制结构的出口；否则，循环控制条件始终为真，循环不断重复执行，这种情况称为死循环。

程序清单 4-2 给出了未修改循环变量值而导致死循环的示例代码。

程序清单 4-2　　　　　　ex0402_while2.c

```
1  int count, i = 1;
2  scanf("%d", &count);
3  while(i <= count)
4  {
5    printf("欢迎学习 C 语言\n");
6  //i++;  //未修改循环变量值而导致死循环
7  }
```

例 4-2　根据公式 $\dfrac{\pi}{4} = 1 - \dfrac{1}{3} + \dfrac{1}{5} - \dfrac{1}{7} + \cdots$ 求圆周率近似值。

在求解圆周率近似值时，仔细观察给定的近似计算公式，将第 1 项改写为 1/1 之后，整个公式变为 $\dfrac{\pi}{4} = \dfrac{1}{1} - \dfrac{1}{3} + \dfrac{1}{5} - \dfrac{1}{7} + \cdots$，各个数据项的分子均为 1，分母则是从 1 开始的公差为 2 的递增等差数列，各个数据项的符号正负交错。

程序清单 4-3 给出了使用公式求圆周率近似值的示例代码。

程序清单 4-3　　　　　　ex0403_while3.c

```
1  int numerator = 1, denominator = 1;//分子和分母
2  while (1.0 /denominator > 1e-6)
3  {
4    sum += (1.0 / denominator) * numerator;
5    denominator += 2;    numerator = -numerator;
6  }
7  sum *=4;
8  printf("PI = %.6lf\n", sum);
```

4.2 do…while 循环

do…while 循环控制结构也用来实现当型循环结构,与 while 循环功能和使用方法基本相同,形式上略有差别。其一般语法格式如下:

```
do
{
    statements block;
}while(bool_expr);
```

do…while 循环需要先执行循环体,再判断循环条件是否成立。do…while 循环中,while 后的分号不可省略。除此之外,do…while 循环的各个要素、处理流程及注意事项均与 while 循环相同,不再赘述。do…while 循环对应的执行流程如图 4-2 所示。

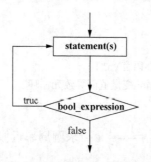

图 4-2   do…while 循环结构对应的执行流程

do…while 循环与 while 循环在循环控制条件成立时的执行结果完全相同。当初始循环条件不成立时,do…while 循环至少需要执行一次循环体,这是 do…while 循环与 while 循环的主要区别。关于两者的区别,可以考虑线上和线下点餐的情况,while 循环类似于线上点餐,需要先付款再就餐(先检查循环控制条件再执行循环体);do…while 循环则与线下点餐相似,先就餐后付款(先执行循环体再检查循环条件)。

例 4-3   猜数字游戏:随机生成一个 1~100 的幸运数字,请用户猜测一定次数。当用户输入猜测值后,根据对比结果给出猜中、猜大或猜小的提示信息。

生活中处处可见随机数的影子,如购买彩票和抽取幸运观众等。真正的随机数是通过掷骰子、转轮盘等物理操作产生的,对技术要求非常高。在计算机中,一切动作都依据编译好的机器指令进行。为了让计算机完成指定的任务,需要设计相应的算法,生成随机数同样需要设计随机数算法。一旦算法设计完毕,编译成机器代码之后,就会按照既定的流程执行,同样的输入必定生成同样的输出(算法的确定性)。因此,计算机中的随机数并非真正的随机数,而是由算法生成的伪随机数。

在 C 语言中，生成随机数需要使用 rand( )函数和 srand( )函数，两个函数包含在 stdlib.h 头文件中。rand( )函数根据随机数种子按照算法生成下一个 0～RAND_MAX（至少为 32767）的随机整数。在未特殊指定的情况下，随机数种子会取算法内置的默认值，这样两次运行代码会得到相同的随机数序列，无法达到"随机"的状态。srand( )函数用于根据给定随机数种子初始化伪随机数生成器，相同的种子会导致 rand( )函数生成相同的随机数序列。因此，使用 srand( )函数应尽量提供不同的种子，通常用 time(NULL)作为种子（time( )函数包含在 time.h 头文件中）。

　　程序清单 4-4 给出了使用 do…while 循环解决猜数字问题的示例代码。

程序清单 4-4　　　　　　　ex0404_guess_number.c

```
1   #include <stdio.h>
2   #include <time.h>
3   #include <stdlib.h>
4   int main()
5   {
6     int lucky, count = 1, user, max = 7, found = 0;
7     srand(time(NULL));
8     lucky = rand() % 100 + 1;//数字范围1～100
9     do
10    {
11      scanf("%d", &user);
12      if(user == lucky)//任何非 0 值均可
13      {   printf("恭喜您，猜中了");    found = 1;    }
14      else
15      {
16        if(user > lucky)
17          printf("猜大了,您还有%d 次机会", max-count);
18        else
19          printf("猜小了,您还有%d 次机会", max-count);
20      }
21      count++;
22    }while(count <= max && !found);
23    return 0;
24  }
```

　　程序清单 4-4 中，第 6 行代码定义了生成的随机数 lucky、已经猜测次数 count、用户的猜测值 user、最多猜测次数 max 和标志变量 found（用于标识是否猜中）。将标志量作为循环控制条件的一部分是常用的编程技巧，将其初值置为 0 表示尚处于未猜中状态。

程序清单 4-4 中，第 8 行代码使用求余运算符"%"生成一个 1～100 的随机整数。rand( )函数能够生成 0～RAND_MAX 的随机整数，远远超出当前问题需要的数据范围，需要使用"%"运算符将之映射到 1～100。rand( ) % 100 将生成一个 0～99 的整数，将 0～99 映射到 1～100 只需要在 0～99 的基础上加 1 即可，即 rand( ) % 100 + 1。

使用 rand( )函数生成[m, n]之间的随机数，可以通过公式 rand( ) % (n − m + 1) + m 来完成。其生成过程本质上就是一个区间缩放和平移的过程，先将[0, RAND_MAX]缩放映射到[0, n − m]，然后平移到[m, n]，映射过程如图 4-3 所示。

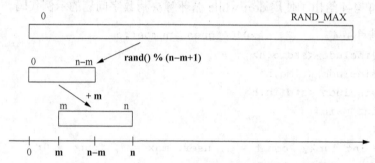

图 4-3　利用 rand( )函数生成区间内随机数的映射过程

进入 do…while 循环后，首先获取用户输入，然后判断用户输入是否与生成的幸运数字相同，相同则给出提示信息并设置猜中标志，猜测过程结束；若用户输入与幸运数字不同则进入 else 分支，再对大小进行判断和提示。完成一次猜测之后，需要将用户猜测的次数加 1。本例中，do…while 循环的控制条件为逻辑表达式 count <= max && !found，即在用户猜测次数小于上限并且未猜中的情况下继续猜测过程。

4.3　for 循环

for 循环的使用最为灵活，既可以用于循环次数确定的情况，也可用于只给出循环结束条件而循环次数不确定的情况。各种循环控制结构本质上都是附带跳转的单分支 if 控制结构，可以相互替代。for 循环的一般语法格式如下：

```
for ( init_expr; condition; addition)
{
    statements block;
}
```

for 循环可以拆分为四个部分：①初始化表达式 init_expr；②循环控制条件 condition；③循环体 statements block；④附加表达式 addition。for 循环的每个部分都有独特的功能和执行时机，结合图 4-4 对除循环体外的三个部分进行具体描述。

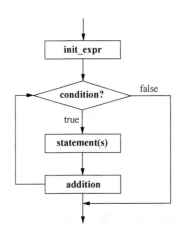

图 4-4　for 循环的执行流程

1）init_expr 称为初始化表达式，是 for 循环的前置模块，先于循环体执行且只执行一次，一般用于对循环变量及循环中需要使用的相关变量进行初始化或赋初值。

2）condition 为循环控制条件，是结果为逻辑值的任何合法表达式。当计算结果为真时，执行循环体 statements block；否则结束 for 循环，并继续执行循环之后的代码。

3）addition 称为附加表达式。当循环条件成立时，先执行完循环体，然后执行附加表达式，接下来流程控制转向判定循环控制条件 condition 是否成立。附加表达式中通常是对循环变量进行更新的操作。

在 for 循环中，循环变量通过初始化获得初始值，由循环控制条件能确定循环变量的终止值，在附加表达式中可以确定循环变量的变化率，根据循环变量的初值、终值和变化率就可以确定循环变量变化的次数，因而 for 循环的执行次数通常是可计算的。

例 4-4　使用 for 循环计算 sum=1+2+3+…+1000。

将待求和公式 sum=1+2+3+…+1000 分解为 1000 个子步骤，第 1 次将 1 累加到 sum，第 2 次将 2 累加到 sum，依此类推，第 1000 次将 1000 累加至 sum。1，2，3，…，1000 构成了一个递增等差数列，如果能让某个变量从 1 开始，每次增量为 1，共增加 1000 次，就能构成该数列，这样就可以将 sum += 1，sum += 2，…，sum += 1000 这些子项变为一个通项式 sum += i。通过 sum += i，既实现了问题求解，又实现了对循环变量 i 的复用。用 for 循环求解该问题时，各个部分与代码的对应关系如图 4-5 所示。

程序清单 4-5 给出了使用 for 循环计算等差数列之和的示例代码。

程序清单 4-5　　　　ex0405_get_sum1.c

```
1  int i, long sum;
2  for (i=1, sum = 0; i <= 1000; i++)
3    sum = sum + i;
4  printf("sum = %d\n", sum);
```

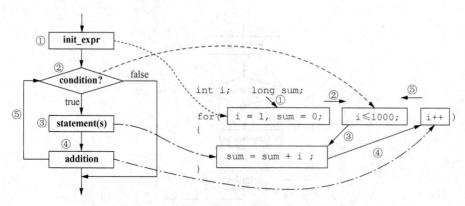

图 4-5　for 循环求解累加问题时各部分对应关系

在 for 循环中，循环变量的初始、终值、增长率（步长）之间联系非常紧密，通过三者之间的紧密配合，循环变量的各个取值既可以构成一个递增等差数列，也可以构成一个递减等差数列。for 循环中，init_expr、condition 和 addition 都可以根据情况灵活变化，但其他项需要进行相应调整以与之配合。

1）init_expr 可以省略。程序清单 4-6 给出了省略 init_expr 部分且与程序清单 4-5 等价的 for 循环示例代码。

```
程序清单 4-6              ex0406_get_sum2.c
1  long i = 1, sum = 0;
2  for ( ; i <= 1000; i++)
3    sum = sum + i;
4  printf("sum = %d\n", sum);
```

2）condition 可以通过标志量进行控制。for 循环中，condition 表达式的作用就是控制循环的执行，表达式值为真时执行循环体。因此，用标志量控制循环执行条件是较为常用的方法。程序清单 4-7 给出了使用标志量控制 condition 部分的 for 循环示例代码。

```
程序清单 4-7              ex0407_get_sum3.c
1  long i, finish = 0, sum;
2  for (i=1, sum = 0; !finish; i++)
3  {
4    sum = sum + i;
5    if(i == 1000)
6      finish = 1;//任何非 0 值
7  }
8  printf("sum = %d\n", sum);
```

由于 C 语言中无布尔数据类型，因此可以使用 int 型变量 finish 作标志量，设置其初始值为 0，表示标志为假。循环控制条件设置为!finish，表示尚未完成；当满足终止条件时，设置 finish 值为 1（任何非 0 值均可）。

3) addition 可以省略。程序清单 4-8 给出了省略 addition 部分的 for 循环示例代码。

程序清单 4-8　　　　　ex0408_get_sum4.c

```
1 long i, sum;
2 for (i=1, sum = 0; i <= 1000;)
3 {  sum = sum + i;  i++;  }
4 printf("sum = %d\n", sum);
```

程序清单 4-8 中，for 循环省略了 addition 部分，相应地附加操作在 for 循环的循环体内通过语句 "i++;" 完成。

4) 循环变量的各个取值构成递减等差数列。程序清单 4-9 给出了循环变量取值构成递减等差数列的 for 循环示例代码。

程序清单 4-9　　　　　ex0409_get_sum5.c

```
1 long i, sum;
2 for (i=1000, sum = 0; i >= 1; i--)
3   sum = sum + i;
4 printf("sum = %d\n", sum);
```

例 4-5　使用 for 循环求解斐波那契数列问题。

斐波那契数列是由中世纪意大利数学家斐波那契（Fibonacci）在著作《算盘书》中以兔子繁殖为例引出的：假设一对刚出生的小兔一个月后就能长成大兔，再过一个月就能生下一对小兔，此后每个月都生一对小兔。那么一对刚出生的兔子一年内将繁殖多少对兔子？

下面通过最原始的手工方法对斐波那契数列进行分析，前 8 个月兔子繁殖的数量分析过程如图 4-6 所示。图 4-6 中各项内容分别为：各列中的数字为兔子的出生序号，灰色底纹的数字表示本月生小兔子的亲兔序号，带点状底纹的数字为本月出生的小兔子的序号（本月出生的小兔子序号同时放在下一列，不带底纹，以浅灰色显示），本月不能生产的兔子其序号不带底纹正常显示。

第 1 个月和第 2 个月，只有序号为 1 的那对兔子。第 3 个月时，序号为 1 的兔子会生一对序号为 2 的小兔子，第 4 个月时序号为 1 的兔子会再生一对序号为 3 的小兔子（序号为 2 的小兔子还不能生小兔子）。依此类推，到第 8 个月时，序号 1~8 的兔子会生出序号为 14~21 的 8 只小兔子。累积各月的兔子对数，就可以得到序列{1, 1, 2, 3, 5, 8, 13, 21}。该序列从第 3 项开始，每一项都是前两项之和，可以推断斐波那契数列的各项分别为 $f_3 = f_1 + f_2$，$f_4 = f_3 + f_2$，$f_5 = f_4 + f_3$，…。依此类推，其通项公式为 $f_i = f_{i-1} + f_{i-2}$。

编写代码时，分别用 f、f1 和 f2 表示当前项、之前第一项和之前第二项，计算当前项的公式为 f = f1 + f2。此时，对于下一轮计算而言，f2 为之前第三项，f1 为之前第二项，f 为之前第一项。因此，使用 f = f1 + f2 计算当前月份兔子数之后，可以为下一轮计算做好准备工作。考虑到 f2 已经完成使命且处于空闲状态，令 f2 = f1 保存下一次计算的f2，令 f1 = f 保存下一轮计算的 f1。这样 "f = f1 + f2; f2 = f1; f1 = f;" 就构成了循环体。

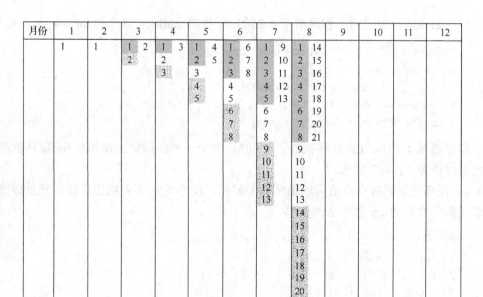

图 4-6　前 8 个月兔子繁殖的数量分析过程

程序清单 4-10 给出了使用 for 循环计算斐波那契数列的示例代码。

程序清单 4-10　　　　　ex0410_fib_rabbits.c

```
1   #include<stdio.h>
2   int main()
3   {
4    int month, i;
5    int f1 = 1, f2 = 1, f;
6    scanf("%d", &month);
7    for(i=3;i <= month; i++)
8    {
9      f = f1 + f2;//本月兔子数
10     f2 = f1;//下一轮的之前第 2 项
11     f1 = f; //下一轮的之前第 1 项
12    }
13   printf("经过%d 个月,共有%d 对兔子\n", month, f);
14   return 0;
15  }
```

对于斐波那契数列,也可以使用 f1 = f1 + f2 和 f2 = f2 + f1 作为循环体,一次计算 2 个月的兔子对数,但循环的终止条件和计算结果输出部分都需要进行相应调整。

4.4 跳 转 语 句

流程的控制都是通过跳转指令来实现的。跳转指令分为无条件跳转指令和带条件跳转指令，指令之后为跳转的目的地址。无条件跳转对应的汇编语言关键字为 jmp，带条件跳转对应的汇编语言指令包括 jl、je、jg 等一系列与程序状态字相关的指令。

while 循环、do…while 循环和 for 循环的流程控制本质上都是带条件的跳转。除此之外，C 语言还提供了 goto、break 和 continue 等无条件跳转指令。

4.4.1 语句标号

跳转指令均与地址相关。当程序员需要控制跳转的目的地址时，可以为之指定一个标识符，该标识符称为语句标号。语句标号的作用是标识语句的位置，本质上就是一个地址值，其值是标号后第一条语句的地址。标号语句由一个称为标号的有效标识符加上一个英文冒号 ":" 构成，代表某跳转指令的目的地址。标号语句的一般语法格式如下：

```
label:
statement after label;
```

在汇编语言中，流程控制是通过跳转指令与语句标号配合来实现的。在高级语言中虽然也提供了跳转语句，但通常建议非必要尽量不使用。因此，高级语言中很少使用语句标号，只有特殊情况下才配合跳转语句使用。

4.4.2 goto 语句

goto 语句是一种无条件跳转语句。执行 goto 语句时，流程控制将转到标号后的第一条语句开始执行。goto 语句的一般语法格式如下：

```
goto 标号;
```

例 4-6 使用 goto 语句对等差数列 {1,2,…,1000} 求和。
程序清单 4-11 给出了使用 goto 语句求解等差数列之和的示例代码。

```
程序清单 4-11              ex0411_getsum_goto.c
1   long i = 1, sum = 0;
2 loop:
3   if(i <= 1000)
4   {
5     sum=sum+i;    i++;
6     goto loop;
```

```
7    }
8    printf("sum = %ld\r\n",sum);
```

4.4.3 break 语句

break 语句是无条件跳转语句。break 语句的一般语法格式如下：

```
break;
```

在程序中使用 break 语句通常有下述两种情况：

1）在 switch 多分支控制结构中执行 break 语句将跳出 switch 结构，继续执行 switch 结构之后的语句。

2）在循环结构中执行 break 语句将跳出 break 语句所在的那层循环，从循环之后的语句继续执行。

例 4-7 判定给定正整数是否为素数。

判断一个正整数 n 是否为素数，可以从素数的定义出发来考虑。只需用 2～n-1 之间的每一个整数去试除 n，若所有数均不是 n 的因子，则 n 是素数；若存在某个数 i 为 n 的因子，则 n 不是素数。程序清单 4-12 给出了求给定整数是否为素数的示例代码。

```
程序清单 4-12          ex0412_prime1.c
1  int n, i, flag - 0;
2  scanf("%d",&n);
3  for(i = 2; i <= n - 1; i++)
4    if(n % i == 0)
5    { flag = 1;  break; }
6  if (flag == 0)   printf("%d是素数", n);
7  else   printf("%d不是素数", n);
```

程序清单 4-12 中定义了 n 是否为素数的标志变量 flag，初始时假定 n 为素数，设定 flag 值为 0。在 for 循环中，若 if 语句的判断条件成立，则说明 2～n-1 的某个数 i 为 n 的因子，直接可以确定 n 不是素数，将标志 flag 设置为 1，此时再判断 i 之后的数值是否为 n 的因子已经没有意义，直接使用 break 语句跳出 for 循环。

根据整除中除数和商的对称性推论可知，只需从 2～n / 2 逐个与 n 进行测试，若某个整数 i 为 n 的因子，则直接判定 n 不是素数。程序清单 4-13 给出了对应的示例代码。

```
程序清单 4-13          ex0413_prime2.c
1  for(i = 2; i <= n / 2; i++)
2    if(n % i == 0)
3      break;
4  if (i > n / 2) printf("%d是素数", n);
5  else   printf("%d不是素数", n);
```

　　更进一步，可以假定 n 不是素数，由素数的基本定理可知 n 必定可以被某个素数 p 整除，必有 p ≤ $\sqrt{n}$。因此，只需将 2～$\sqrt{n}$ 的整数逐个与 n 试除，若存在 n 的因子，则直接判定 n 不是素数。程序清单 4-14 给出了相应的示例代码。

```
程序清单 4-14              ex0414_prime3.c
1 for(i = 2; i * i <= n && !flag; i++)
2   if(n % i == 0)
3     flag = 1;
4 if (!flag)  printf("%d 是素数", n);
5 else  printf("%d 不是素数", n);
```

　　程序清单 4-14 中，使用 i * i <= n 替代 i <= sqrt(n) 来避免开平方运算，通过标志量 flag 作为循环控制条件的一部分避免了使用 break 语句进行跳转。通常情况下，使用 break 语句之处都可以通过在循环控制条件中增加标志变量的方法予以消除。

　　除了上述几种常见的方法之外，还可以使用打表法、埃拉托色尼筛法和欧拉筛法等高效率素数判定算法。

4.4.4　continue 语句

　　continue 语句也是无条件跳转指令，用于强制流程进行跳转。执行 continue 语句时，会跳过其后的循环体代码，继续后续处理过程。while 循环和 do…while 循环内的 continue 语句会直接跳转到循环的条件判断语句；对于 for 循环而言，continue 语句会跳转到附加表达式（for 循环中附加表达式不在循环体中）处继续执行。

　　例 4-8　编写代码过滤输入流中的"#""?""%""/"等特殊字符。

　　程序清单 4-15 给出了在 while 循环中使用 continue 过滤特殊字符的示例代码。

```
程序清单 4-15             ex0415_continue.c
1 int ch = 0;
2 while((ch = getchar()) != '\n')
3 {
4   if(ch == '#' || ch == '?' || ch == '%' || ch == '/')
5     continue; //跳过当次循环，进入下次循环
6   putchar(ch);
7 }
```

　　程序清单 4-15 中，while 循环的控制条件为(ch = getchar()) != '\n'，即从输入流中读取字符给变量 ch，若该字符不是换行符则进行循环；若读入字符为"#""?""%""/"等特殊字符则通过 continue 语句结束本次循环，进行下一轮循环；若读入字符不为特殊字符，则先输出显示，再进入下一轮循环。

　　通常情况下，使用 continue 进行流程跳转的代码都可以通过反转 if 语句的控制条件来实现等价效果。程序清单 4-15 对应的等价代码如程序清单 4-16 所示。

程序清单 4-16   ex0416_filter_char.c

```
1  int ch = 0;
2  while((ch = getchar()) != '\n')
3    if(ch != '#' && ch != '?' && ch != '%' && ch != '/')
4      putchar(ch);
```

在能够增强代码可读性或有显而易见的其他益处时，可使用 continue 进行流程控制的跳转；若使用 continue 进行流程跳转会导致代码更加复杂或难以理解，则应弃之不用。

4.5　循环的嵌套

若一个循环控制结构的循环体中包含了其他循环结构，则称为循环的嵌套。在嵌套循环结构中，最外层的循环称为外层循环，内嵌的循环称为内层循环，内层循环中还可以嵌套循环。图 4-7 给出了一个 for 循环内部嵌套另一个 for 循环的执行流程。

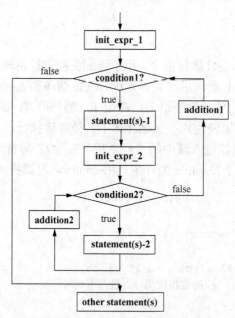

图 4-7　双层嵌套 for 循环的执行流程

4.5.1　嵌套循环程序的设计

嵌套循环结构看似复杂，实际操作起来并不困难，只要遵循自顶向下、逐步细化的原则，一切复杂的控制结构都可以迎刃而解。一般来说，编写嵌套循环结构代码时，通常需要采用更大的尺度，从整体着眼，从细节入手，采用整体替换、部分修正的方法。

例 4-9 输出图 4-8 所示的九九乘法表。

```
1*1=1
2*1=2    2*2=4
3*1=3    3*2=6    3*3=9
4*1=4    4*2=8    4*3=12   4*4=16
5*1=5    5*2=10   5*3=15   5*4=20   5*5=25
6*1=6    6*2=12   6*3=18   6*4=24   6*5=30   6*6=36
7*1=7    7*2=14   7*3=21   7*4=28   7*5=35   7*6=42   7*7=49
8*1=8    8*2=16   8*3=24   8*4=32   8*5=40   8*6=48   8*7=56   8*8=64
9*1=9    9*2=18   9*3=27   9*4=36   9*5=45   9*6=54   9*7=63   9*8=72   9*9=81
```

图 4-8 九九乘法表输出样式

要输出九九乘法表，需要从全局考虑，确定待求解问题是否存在规律。①从整体上看，九九乘法表的输出结果是 9 行，第 1 行输出结果为 1 项，第 2 行输出结果为 2 项，依此类推，第 9 行输出结果为 9 项。②从输出结果来看，第 1 行的被乘数为 1，第 2 行的被乘数为 2，依此类推，第 9 行的被乘数为 9。结合①和②，代码总体上应该是一个循环次数为 9 的循环。③每行输出结果中，被乘数 i 固定，乘数变化范围为 1～i，输出结果形式为"被乘数*乘数=积"。因此，可以使用循环次数为 i 次的单重循环输出乘法表的各行。

在编写代码时，可以按照自顶向下、从整体到局部的原则进行构建和修改。

1）编写一个循环次数为 9 的 for 循环，构成输出乘法表代码的总体结构，如图 4-9 所示。此时，不必考虑乘法表中每一行如何输出等细节内容，把握住总体即可。将每一行输出的任务用一个"黑盒子 A"替代，只需要确定其功能是输出乘法表的一行即可，具体如何输出暂且放置不管。

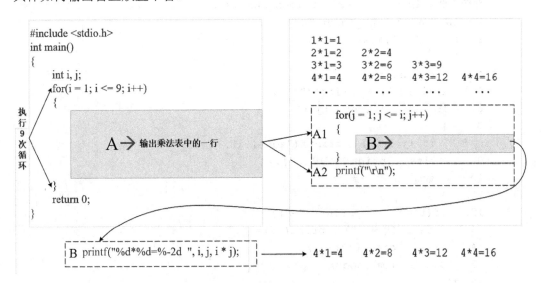

图 4-9 编写代码处理九九乘法表的解题过程

2）根据功能需求，将"黑盒子 A"进行分解。乘法表中，每输出一行信息后需要进行换行。因此，"黑盒子 A"应分解为两个子步骤，A1 子步骤用于输出一行乘法表信息，A2 子步骤用于换行。此时，A1 子步骤仍需要进一步分解；A2 子步骤变为"原子"步骤，直接写出代码即可。

3）通过前述分析可知，A1 子步骤是一个循环次数为 i 的循环，其循环体先用"黑盒子 B"替代，只需确定其应该输出形如"3*3=9"的项即可。

4）将"黑盒子 B"替换为实际输出数据项代码 printf("%d*%d=%-2d   ", i, j, i * j)。此时，"黑盒子 B"也成为"原子"步骤，整个处理过程结束。

程序清单 4-17 给出了使用嵌套循环输出九九乘法表的示例代码。

程序清单 4-17　　　　　ex0417_mul_table.c

```
1  int i, j;
2  for(i = 1; i <= 9; i++)//外层 for 循环
3  {
4   for(j = 1; j <= i; j++)//内层 for 循环
5     printf("%d*%d=%-2d  ", i, j, i * j);
6   printf("\n");
7  }
```

4.5.2　嵌套循环程序的分析

例 4-10　分析程序清单 4-18 的主要功能及输出结果。

程序清单 4-18　　　　　ex0418_loop_analyze.c

```
1  int sum=0, sum_inner=0, i, j;
2  for (i = 1;i <= 5;i++)
3  {
4   sum_inner=0;
5   if(i != 1)   printf("(");
6   for (j = 1;j <= i;j++)
7   {
8     if (j != i)  printf("%d+", j);
9     else    printf("%d", j);
10    sum_inner += j;
11   }
12   if(i == 1)   printf("+");
13   else if(i == 5)  printf(")=");
14   else   printf(")+");
15   sum += sum_inner;
16  }
17  printf("%d", sum);
```

分析嵌套循环程序代码时，首先需要从总体把握，快速对代码进行分块，找出关键量；然后按照运行顺序分段，模拟运行过程，描绘关键量的状态变化；最后，汇总程序输出结果，分析代码的功能。代码分析中，循环变量是关键量之一。对于嵌套循环程序，关键量包含两个及以上的循环变量，只有厘清思路，才能有的放矢。分析多个循环变量的变化时，可以采用类似多元函数求导的方法，将一个循环变量"定住"作为常量，分析另外一个循环变量在此条件下的变化情况及相应结果。

程序清单 4-18 中，关键量包括外层循环变量 i、内层循环变量 j、与汇总相关的两个整数 sum 和 sum_inner、两个表达式 i==1 和 j==i（对应第 8 行代码中 if 控制结构的判定条件 j!=i）。除此之外，还需要关注每次内循环的输出结果、每次外循环的输出结果和总的输出结果。将关键量和输出结果划分为初始化状态、循环执行状态和循环结束状态三大块，具体分析过程如图 4-10 所示。

关键量	i	j	i==1	j==i	sum	sum_inner	单次内循环	单次外循环	总输出
循环开始前					0	0			
循环执行中	1	1	真	真	1	1	1+		1+
	2	1	假	假		1	(1+		
		2	假	真	4	3	2)+	(1+2)+	1+(1+2)+
	3	1	假	假		1	(1+		
		2	假	假		3	2+		
		3	假	真	10	6	3)+	(1+2+3)+	1+(1+2)+(1+2+3)+
	4	1	假	假		1	(1+		
		2	假	假		3	2+		
		3	假	假		6	3+		
		4	假	真	20	10	4)+	(1+2+3+4)+	1+(1+2)+(1+2+3)+(1+2+3+4)+
	5	1	假	假		1	(1+		
		2	假	假		3	2+		
		3	假	假		6	3+		
		4	假	假		10	4+		
		5	假	真	35	15	5)=	(1+2+3+4+5)=	1+(1+2)+(1+2+3)+(1+2+3+4)+(1+2+3+4+5)=
循环结束后									1+(1+2)+(1+2+3)+(1+2+3+4)+(1+2+3+4+5)=35

图 4-10　嵌套循环分析

1）构建状态表格。各个关键量和输出项分别占表格中的一列，表格的行总体分成循环开始前的初始化状态、循环执行状态和循环结束状态三个部分。

2）填写初始状态值。在循环代码执行前，只有 sum 和 sum_inner 两个变量有初始值，将之填写到表格第一行与两个量对应的单元格中。

3）填写外循环对应的行数据。根据程序清单 4-18 中第 2 行代码可以确定，代码主体是一个循环次数为 5 的 for 循环，循环变量 i 的值从 1 变化到 5，将之填写到表格变量 i 所占数据列中的各行。

4）填写内循环对应的行数据。由程序清单 4-18 中第 6 行代码可以看出，内循环的次数与外循环变量 i 的值相等，内循环变量 j 的变化范围为 1~i。当 i 为 1 时，j 的变化范围是 1~1；当 i 为 2 时，j 的变化范围为 1~2；依此类推，当 i 为 5 时，j 的变化范围是 1~5。将 j 的每个值作为一个单元格内容填充到表格中 j 列的各行，如图 4-10 中变量 j 所在数据列所示。

5）模拟循环代码执行过程（以 i = 3 时为例）。当 i 为 3 时，j 的变化范围是 1～3，取 i = 3 且 j = 1：①第 5 行代码中，表达式 i != 1 为真，输出 "("；②第 8 行代码中，表达式 j != i 为真，输出 "1+"；③第 10 行代码中，sum_inner 值变为 1；④执行 j++，j 值变为 2，流程转回第 5 行，循环控制条件成立；⑤第 8 行代码中，表达式 j != i 为真，输出 "2+"；⑥第 10 行代码中，sum_inner 值变为 3；⑦执行 j++，j 值变为 3，流程转回第 5 行，循环控制条件成立；⑧第 8 行代码中，表达式 j != i 为假，输出 "3"，sum_inner 值变为 6；⑨本次内循环执行完毕，流程控制转到第 12～14 行的双分支 if 结构，执行 else 子句，输出 ")+"；⑩变量 sum 值由 4 变为 10，本次外循环结束。

6）汇总输出结果。外循环各次的输出结果分别为 1+、(1+2)+、(1+2+3)+、(1+2+3+4)+ 和(1+2+3+4+5)，循环结束后的输出结果为=35。

所以，程序的功能是对 1+(1+2)+(1+2+3)+(1+2+3+4)+(1+2+3+4+5)求和并输出结果。

程序设计练习

1．张丘建在《张丘建算经》中曾提出过著名的"百钱买百鸡"问题：鸡翁一，值钱五；鸡母一，值钱三；鸡雏三，值钱一。百钱买百鸡，则翁、母、雏各几何？

2．猴子吃桃问题：猴子第一天摘下若干个桃子，当即吃了一半，还不过瘾，又多吃了一个。第二天早上又将第一天剩下的桃子吃了一半，又多吃了一个。以后每天早上都吃了前一天剩下桃子的一半再多一个。到第 n（n > 1）天早上想再吃时，发现只剩下一个桃子了，猴子第一天摘了多少个桃子？

3．统计用户输入的字符序列（以 "#" 作为结束标志）中大写字母、小写字母、空格、数字及其他符号各有多少。

4．根据输入数字 n（n < 8），计算公式 $n + nn + \cdots + \overbrace{nn\cdots n}^{n}$。

5．使用莱布尼茨定理求解圆周率的近似值，已知公式为 $\frac{\pi}{4} = 1 - \frac{1}{3} + \frac{1}{5} - \frac{1}{7} + \cdots$，当前项之值小于 10^{-6} 时为止。

6．使用麦克劳林级数求解近似值 $\sin 1 = 1 - \frac{1}{3!} + \frac{1}{5!} - \cdots$，当前项之值小于 10^{-6} 时为止。

7．使用麦克劳林级数求解近似值 $e = 1 + \frac{1}{1!} + \frac{1}{2!} + \frac{1}{3!} + \cdots$，当前项之值小于 10^{-6} 时为止。

8．已知数列{2/1, 3/2, 5/3, 8/5, 13/8, 21/13, ⋯}，计算该数列的前 n（n > 0）项之和。

9．编写程序，根据指定的 n 值求满足 $1^2 + 2^2 + \cdots + m^2 \leq n$ 的 m 值。

10．完全数是一些特殊的自然数，它所有的真因子（除了自身以外的约数，包括 1）之和恰好等于它本身，如 6、28、496 等。编写程序，求不大于指定数值 n 的最大完全数。

第5章 函　　数

函数是一个可以独立完成某个功能的语句块。C语言程序是由一系列函数构成的，main( )函数就是其中一个。在C语言中，函数分为标准函数和用户自定义函数。标准函数是C标准库提供的可供用户程序调用的内置函数，如scanf( )、getchar( )、sqrt( )、rand( )等都是标准函数；用户自定义函数是用户根据实际业务需求，按照C语言的语法规则定义和实现的函数，实现后可以像标准函数一样使用。

引入函数主要有两个作用：①使程序设计模块化，可以将复杂的程序分解为若干个功能相对独立的小模块，以便管理和阅读；②实现代码的重复使用，将程序中功能相同或相似的代码段进行抽象和重构，编写为独立函数，设置统一接口，减小代码体积，提高程序开发效率。

5.1　标　准　函　数

C语言提供了功能丰富的标准函数，按功能分布在不同的头文件中，包括常用的输入/输出函数、数学函数、字符函数、字符串函数、动态分配函数和随机数函数等。

1）标准输入/输出头文件stdio.h：包含与文件打开、关闭，字符输入/输出，格式化输入/输出相关的标准函数。

2）数学函数头文件 math.h：包含三角函数、反三角函数，指数和对数函数，平方根、求幂、绝对值及四舍五入相关的标准函数。

3）字符函数头文件ctype.h：包含判断字符是否为数字、字母、大写字母、小写字母及标点相关的标准函数。

4）字符串函数头文件string.h：包含求字符串长度、字符串比较、字符串连接、字符串复制等标准函数。除此之外，还包括一组以 mem 开头的存储区操作函数，如内存复制、内存设置等标准函数。

5）功能函数头文件stdlib.h：包含与随机数相关的标准函数，与内存分配、释放相关的动态存储标准函数，终止、退出等与函数执行控制相关的标准函数。

5.1.1　include 命令行

C语言要求所有变量、函数必须先声明后使用。因此，使用标准函数前，必须让编译器了解该函数的基本信息，需要通过 include 命令包含标准函数所在的头文件，头文件中提供了关于标准函数的说明信息。

使用 include 命令可以采用下面两种语法格式之一：

```
#include <standard_headerfile>
#include "userdefined_headerfile"
```

include 命令必须以"#"开头（两者之间无空格），尖号"<>"或英文双引号"" ""内为对应的头文件。标准函数对应的头文件使用一对尖号"<>"，用户自定义头文件使用英文双引号"" ""。编译 C 语言源程序时，编译器会到系统默认目录下搜索尖号"<>"内包含的标准头文件，到当前工作目录下搜索双引号"" ""内包含的头文件。

5.1.2 函数的声明

在 C 语言中，函数的定义应在使用函数之前，否则就会报错。实际编写代码时，若将所有函数定义都放在 main( )函数之前，就会喧宾夺主。因此，通常情况下会将函数的定义放在 main( )函数之后，但需要对函数进行提前声明，告诉编译器使用该函数所需要的相关信息，包括函数的名字、有哪些参数、返回值是何种类型等。

函数声明的格式简单明了，需要提供函数名、参数列表和函数的返回值类型，最后以分号";"作为结束标志。函数声明的一般语法格式如下：

```
return_type function_name(arguments list);
```

例如，标准输入函数 scanf( )函数的声明如下：

```
int scanf (const char * format, ...);
```

5.1.3 标准函数的使用

对于标准函数的使用，看似复杂实则不然。可以将标准函数看作一个完成特定功能的"黑盒子"，在确定函数功能符合需求之后，根据函数的输入/输出接口，将函数执行时所需要的输入信息按照规定的数据类型和取值范围准备好之后提供给函数，函数会自动对这些数据按照内部的算法流程进行加工和处理，最后就可以从函数处获得处理的结果。就像电视机的遥控器一样，只需要知道按哪个按钮能调频道、按哪个按钮能调音量即可，不需要知道这些功能究竟是如何实现的。

根据函数的声明信息，就可以获得使用函数的所有必要信息。无论函数的功能复杂或简单，函数对输入参数进行加工和处理后最多只能返回一个值或不返回任何值。得到函数的返回值后，可以将其赋值给某些变量或者将其作为表达式的一部分参与运算。

例 5-1 以字符格式读入一个浮点数，将其绝对值开方后保留两位小数输出。

解决问题的整体思路是从输入流中逐字符读入浮点数的各个数位值，读取时忽略小数点但保留小数的位数,将所有数位值作为一个整数读入,读取完毕后再除以放大的倍数,得到实际的数值。程序清单 5-1 给出了将浮点数保留两位小数的示例代码。

```
程序清单 5-1              ex0501_std_fun.c
1   int flag=0,count=0,pn=1;//小数点、小数位数、正负标志
2   int ch;
3   double sum = 0.0;//计算结果
4   while((ch = getchar()) != '\n')
5   {
6     if(ch == '-')   pn = -1;
7     if(ch == '.')   flag = 1 ;
8     if(ch >= '0' && ch <= '9')
9     {
10      sum = sum * 10 + (ch - '0');
11      if(flag == 1)
12        count++;
13    }
14  }
15  //除以幂数,获得实际浮点数
16  sum = pn * sum /pow(10.0, count);
17  if (sum < 0.0)    sum = fabs(sum);//求绝对值
18  sum = sqrt(sum);//开方
19  sum = (int)(sum * 100) / 100.0;//保留两位小数
20  printf("%.2lf\n", sum);
```

程序清单 5-1 中需要使用标准函数 pow( )、fabs( )和 sqrt( ),因此需要通过#include 命令添加数学函数所需的头文件 math.h。

5.2 函数的定义、声明和调用

当系统提供的标准函数不能满足业务需求时,可以编写自定义函数来解决特殊业务问题。当所需要的功能无相关标准函数可以使用,编写自定义函数能够使代码结构更简洁清晰,有助于结构化程序设计或能够实现代码复用时,才应当考虑编写自定义函数。

5.2.1 函数的定义

函数和变量一样,也应遵循先定义后使用的原则。定义函数的一般语法格式如下:

```
return_type function_name(formal_parameter list)
{
  body of the function
}
```

函数就是加工数据的工厂，不仅要有一个贴切的名字作为函数名，还应该有待加工和处理的数据作为"生产原料"。为了让使用者"更踏实"，必须提供预期结果的数据类型，其中最关键的部分是由数据加工和处理流程构成的函数体。下面逐一对各项进行说明。

1. 函数名

函数名（function_name）是一个合法的标识符，命名应该做到见名知义。

2. 参数列表

作为函数的设计者，需要规划好函数到底需要哪些数据、分属何种类型，并将之清清楚楚地依次列出来。函数的使用者根据函数的声明信息，就能够确定使用函数时应该准备哪些数据。

根据函数的功能需求，参数列表（formal_parameter list）可以为空或者包含指定的若干参数，参数项之间以英文逗号作为分隔。无论有无参数，英文的圆括号都不能省略。函数的参数列表中需要依次列出所需参数的类型和名字，其中参数名字供函数体内部加工和处理数据时引用，参数的实际数值则由函数使用者提供。因此，定义函数时参数列表中的各个参数只是"形式上的"，故称之为形式参数（formal parameter），简称形参。形参的数据类型可以为任何合法的数据类型，既可以是基本数据类型，也可以是已知的用户自定义数据类型。

3. 返回值

函数的返回值类型（return_type）是对函数处理结果的一种提前说明，返回值的数据类型可以是任何合法的数据类型。函数体中，在需要返回计算结果的位置使用 return 语句。return 语句也是流程控制跳转语句，其一般语法格式如下：

```
return expr;
```
其中，表达式 expr 计算结果的数据类型必须与函数的返回值类型一致。

若函数无须返回值，return_type 应为 void，表明函数的返回值为空。对于返回值为 void 的函数，其内部仍可使用不带表达式的 return 语句，将控制流程转回到调用函数。

4. 函数使用前的声明

无论是标准函数还是用户自定义函数，都需要先声明才能使用。通过对函数的声明，函数的使用者可以确定调用函数时需要使用的名称、需要提供的参数个数和参数类型，以及返回值的数据类型。

例 5-2 编写求正整数 n 和 m 最大公约数的函数。

下述代码段给出了求正整数 n 和 m 最大公约数的函数的示例代码。

```
1  int get_gcd(int n, int m)
2  {
3    int r;
4    while (m != 0)
5    {   r = n % m;   n = m;   m = r;   }
6    return n;
7  }
```

代码段中，函数名为 get_gcd，需要使用者提供两个 int 型数据 n 和 m（分别代表待求公约数的两个正整数），返回值为 int 型。代码段中，第 2～7 行为函数体，函数体内使用了欧几里得算法来求解形参 n 和 m 的最大公约数。当函数执行到代码段中第 6 行时，return 语句将求得的最大公约数返回给调用者。

5.2.2　函数的声明

函数使用者需要完成一些必要的准备工作才能调用函数。这些准备工作的目的就是确保在使用函数前对函数进行声明，获得使用函数所必需的信息。

对自定义函数的声明规则与标准函数的声明规则相同，其一般语法格式如下：

```
return_type function_name(arguments list);
```

也可采取较简便的方式，直接将函数定义的第一行复制过来，在该行末尾加上分号即可。例如，例 5-2 中关于求正整数 n 和 m 最大公约数的函数 get_gcd( )的声明如下：

```
int get_gcd(int n, int m);
```

5.2.3　函数的调用

自定义函数编写完成且经过声明之后，就可以像使用标准函数一样在其他函数中使用了。C 语言中，函数调用的一般语法格式如下：

```
variable = fun_name(actual_params list);
expr1 operator fun_name(actual_params list) operator expr2
```

其中，actual_params list 是实际参数列表。

实际参数（actual parameter）也称实参，可以是常量、变量或表达式。函数调用时，需要函数调用方提供实参，用于初始化形参。因此，在调用函数时，要求实参与形参的类型、个数、次序要一致。

函数调用的一般过程如下：①准备调用函数时所需的各个实参，计算实参列表中各实参表达式，得到各表达式的计算结果；②将各实参表达式的值依次复制给对应的形参；③将流程控制转移到函数入口处，执行函数体；④在函数体中，当遇到 return 语句时会将返回值表达式的计算结果返回给函数调用者，将流程控制转回到主调函数；⑤继续执行主调函数中的后续语句。函数的调用流程如图 5-1 所示。

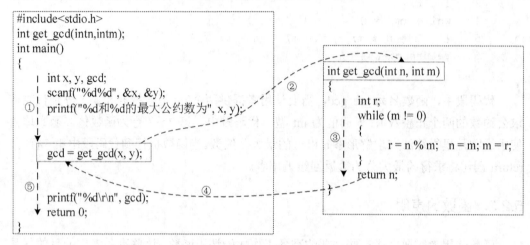

图 5-1 函数的调用流程

为了测试自定义函数的功能是否达到预期，需要编写相应代码段对之进行测试。包含测试自定义函数功能代码段的函数称为驱动函数。对较简单的案例，通常将 main( ) 函数作为驱动函数；对于较复杂的案例，若将测试集中于 main( ) 函数，会导致逻辑过于混乱，应根据需要设计专门的驱动函数，也可以利用编程语言或集成开发环境提供的测试功能。

例 5-3 编写测试函数，调用并测试求最大公约数函数 get_gcd( )。

程序清单 5-2 给出了测试最大公约数函数 get_gcd( )的示例代码。

程序清单 5-2   ex0502_func_gcd.c

```
1   #include<stdio.h>
2   int get_gcd(int n, int m);//定义见例 5-2
3   int main()
4   {
5     int x, y, z, gcd;
6     scanf("%d%d%d", &x, &y, &z);
7     printf("%d、%d 和%d 的最大公约数为", x, y, z);
8     gcd = get_gcd(get_gcd(x, y), z);
9     printf("%d\n", gcd);
10    return 0;
11  }
```

程序清单 5-2 中，第 2 行声明了求最大公约数函数 get_gcd( )。第 8 行使用表达式 get_gcd(get_gcd(x, y), z)实现了求 3 个正整数 x、y 和 z 的最大公约数。不论函数的功能多复杂，其本质都是对输入的实际参数进行加工和处理之后得到一个结果，即函数调用的本质就是获得一个数值。因此，对 3 个正整数 x、y 和 z 求最大公约数时，可以先计算 x 和 y 的最大公约数 tmp，再计算 tmp 与 z 的最大公约数。

例 5-4 编写函数，求解给定区间内所有回文素数。

程序清单 5-3 给出了求解回文素数所需函数的实现。

程序清单 5-3　　　　　ex0503_palindromic_prime.c

```
1   int is_palindromic(int n)//判断整数 n 是否为回文数
2   {
3     int temp = n, rev = 0;
4     while (temp != 0)//逆序
5     { rev = rev * 10; rev += temp % 10; temp /= 10; }
6     return rev == n;
7   }
8   int is_prime(int n)//判断整数 n 是否为素数
9   {
10    int flag = 0, j;
11    for(j = 2; j * j <= n && !flag; j++)//素数
12      if(n % j == 0)    flag = 1;
13    if (!flag)    return 1;
14    else    return 0;
15  }
```

5.3 函数调用的进一步理解

通过 5.2 节的示例，读者应该已经掌握了函数调用的语法、参数传递的规则及控制流程的跳转。接下来，本节以求解最大公约数为例，通过代码调试来进一步阐述函数调用的过程。

例 5-5 分析求最大公约数函数的调用细节。

图 5-2 给出了 x 和 y 分别为 12 和 18 时，最大公约数函数的调用细节。

1）代码从 main( )函数处开始执行，首先读入 int 型变量 x 和 y 的值，此时变量 x 和 y 的地址及值如图 5-2 中①处箭头所指子图所示。

2）调用函数 get_gcd(x, y)时，将实参 x 和 y 的值分别赋给形参 n 和 m，实参 x 和 y 的地址和值均保持不变，形参 n 和 m 获得的地址和值如图 5-2 中②处箭头所指子图所示。此时，已经超出实参 x 和 y 的作用范围，子图中 x 和 y 以浅灰色呈现。

3）函数 get_gcd(x, y)内，当 while 循环执行完毕后，实参 x 和 y 的地址和值保持不变，形参 n 和 m 的地址保持不变（值分别变化为 6 和 0），如图 5-2 中③处箭头所指子图所示。

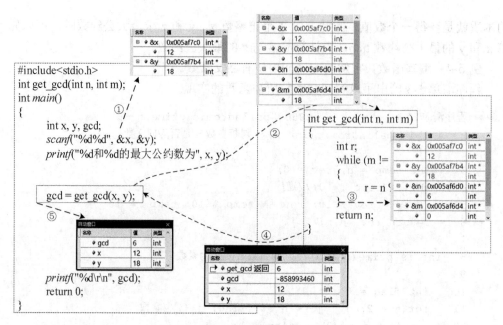

图 5-2 最大公约数函数的调用细节

4）执行完函数体对应的右花括号"}"后，函数 get_gcd(x, y)处理流程结束，将形参 n 的最终值 6 作为计算所得最大公约数返回 main( )函数的调用处，如图 5-2 中④处箭头所指子图所示。此时，函数 get_gcd(x, y)调用完毕，从函数得到返回值后，流程控制转回 main( )函数，但语句"gcd = get_gcd(x, y);"的赋值动作尚未开始。

5）流程控制返回 main( )函数后，语句"gcd = get_gcd(x, y);"可以将赋值号"="右侧的函数调用替换为函数的返回值 6，等价于赋值语句"gcd = 6;"。赋值语句执行完毕后，int 型变量 gcd 被赋值为 6，如图 5-2 中⑤处箭头所指子图所示。

5.3.1 形参命名与实参命名的关系

如图 5-3 所示，get_gcd( )函数的形参分别为 int 型变量 n 和 m，main( )函数调用 get_gcd( )函数时使用的实参为 int 型变量 x 和 y，实参与形参对应变量的名字不相同，调用时将 x 的值赋值给 n，将 y 的值赋值给 m。若 main( )函数调用 get_gcd( )函数时使用的实参名字也为 n 和 m，那么其与形参之间是否会出现冲突呢？

对于程序阅读者而言，需要通过变量名来记住变量；对于计算机系统而言，执行代码时，只需要知道变量的存储地址和占用存储空间的大小，无须知道变量的具体名称及是否好记易懂。变量的地址是区分变量的唯一有效标志。如图 5-3 所示，调用最大公约数 get_gcd( )函数前，实参变量 n 的地址为 0x012ffe78，m 的地址为 0x012ffe6c（读者计算机中变量的实际地址值可能会不同），二者的值分别为 12 和 18，对应的十六进制值分别为 0x0000000C 和 0x00000012。

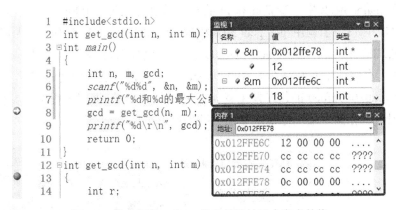

图 5-3 实参变量 n 和 m 的存储地址及内存中的值

当流程控制转到 get_gcd( )函数时，监视窗口中变量 n 的地址变为 0x012ffd88，m 的地址变为 0x012ffd8c，二者的值分别为 12 和 18，很明显此时的 n 和 m 是 get_gcd( )函数的形参。此时，实参 n 和 m 对应的地址中保存的值仍为 12 和 18，如图 5-4 所示。

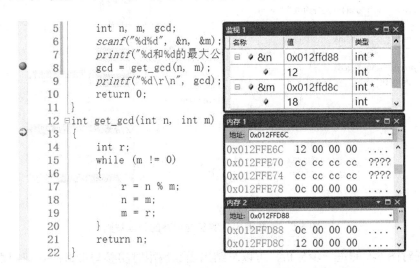

图 5-4 get_gcd( )函数被调用后内存中实参和形参变量的值

从分析结果可见，函数调用时实参名称可以与形参名称相同，二者互不影响。更进一步来说，形参和实参分别有各自的存储地址，就像两个来自不同家庭的人拥有相同的姓名一样。通常情况下，形参和实参命名的基本原则是不影响阅读且不引起歧义。

5.3.2 函数调用时实参与形参的处理规则

本节仍以最大公约数函数 get_gcd( )的调用为例，说明函数调用时实参与形参的处理规则。在 main( )函数中，变量 n 和 m 的存储地址分别为 0x009cfbcc 和 0x009cfbc0，值分别为 12 和 18。当调用 get_gcd( )函数时，流程控制转移到该函数，为形参 m 和 n 分配的存储地址分别为 0x009cfae0 和 0x009cfadc，值分别为 18 和 12。当 get_gcd( )函数执行完毕时，存储地址 0x009cfae0 和 0x009cfadc 中的最终值分别为 0 和 6，而存储地址 0x009cfbcc 和 0x009cfbc0 的值未发生变化，仍为 12 和 18。调用过程中实参变量与形参变量对应规则、存储地址及地址中存储的数据信息如图 5-5 所示。

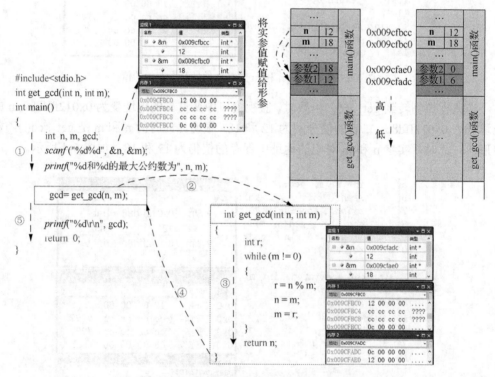

图 5-5　函数调用时实参与形参的处理规则

根据对图 5-5 的进一步分析，可以总结出函数调用时实参与形参的处理规则，具体如下。

1）实参和形参分属于不同函数，有各自的存储地址。总体上，变量的存储地址依调用顺序从高到低分配。调用次序可通过调试工具查看，也可以根据代码手工分析。

2）函数调用发生时，会将实参存储地址中保存的值复制到对应形参存储地址当中，即将实参值复制给对应的形参。此时，形参的值与实参的值相同，形参相当于实参的副本，但二者并无任何隶属关系，当参数值复制完成后二者之间"再无瓜葛"。因此，后续形参的变化对实参无任何影响。

3）函数调用时，各形参"接收"实参值的次序与调用约定有关。调用约定决定了函数参数的压栈顺序，简而言之，就是将实参值"打包"和"解包"后为形参赋值的次序。C 语言中常用的函数调用约定有__cdecl、__stdcall 和__fastcall 三种方式，默认为__cdecl。

　　__cdecl 调用约定中，调用函数时对实参值采用从右到左的压栈方式，先将函数调用 get_gcd(n, m)中的实参 m 的值 18 "打包"放在"包"的底部，然后"打包"实参 n 的值 12 放在"包"的顶部。流程控制进入 get_gcd( )函数之前，按照从左到右的方式进行"解包"，将"包"顶部实参 n 的值 12 "弹出"给形参 n，然后将"包"底部实参 m 的值 18 "弹出"给形参 m，如图 5-5 右上角子图所示。

5.3.3　栈帧结构

　　函数调用过程涉及程序"领空"转换、调用前数据保护、调用时数据交换和调用后数据恢复等细节。发生函数调用时，主调函数的处理流程被"中断"，流程控制转入被调函数，主调函数做好"现场保护"、数据交接等工作，确保被调函数能够顺利执行，被调函数处理结束返回主调函数后能够继续后续的处理任务。C 语言中，用一种称为"栈"的数据结构保存函数调用时的参数、返回地址、寄存器及函数内部的变量等信息。为某个函数分配的"栈"结构称为栈帧。

　　例 5-6　以判断回文素数为例分析栈帧结构。

　　程序清单 5-4 给出了判定给定整数是否为回文素数的示例代码。

```
程序清单 5-4              ex0504_stack_frame.c
1    #include <stdio.h>
2    int is_palindromic(int n);//判断回文数
3    int is_prime(int n);//判断素数
4    int is_palindromic_prime(int n);//回文素数
5    int main()
6    {
7      int num;
8      scanf("%d", &num);
9      if (is_palindromic_prime(num))//回文素数
10       printf("%d\n", num);
11     return 0;
12   }
13   int is_palindromic_prime(int n)
14   {  return is_palindromic(n) && is_prime(n);  }
```

　　程序清单 5-4 中，is_prime( )函数和 is_palindromic( )函数的定义见程序清单 5-3，函数调用过程中栈帧变化的简要过程如图 5-6 所示（num 为 151），其大致处理流程如下。

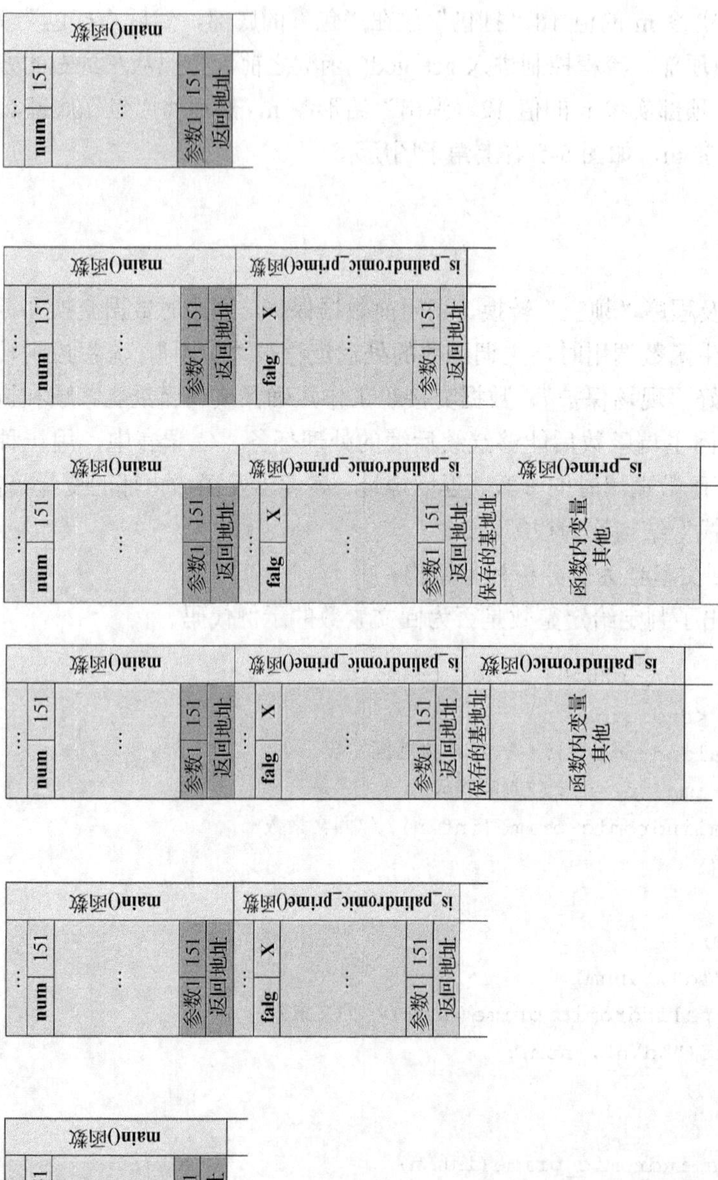

图 5-6 函数调用过程中栈帧变化的简要过程

(a) main 函数栈帧

main()栈帧		
num	151	...
参数1	151	
返回地址		

(b) 调用 is_palindromic_prime() 函数的栈帧

main()栈帧		
num	151	...
参数1	151	
返回地址		
is_palindromic_prime()栈帧		
falg	X	...
参数1	151	
返回地址		

(c) 调用 is_palindromic() 函数的栈帧

main()栈帧		
num	151	...
参数1	151	
返回地址		
is_palindromic_prime()栈帧		
falg	X	...
参数1	151	
返回地址		
is_palindromic()栈帧		
保存的基地址		
函数内变量		
其他		

(d) 调用 is_prime() 函数的栈帧

main()栈帧		
num	151	...
参数1	151	
返回地址		
is_palindromic_prime()栈帧		
falg	X	...
参数1	151	
返回地址		
is_prime()栈帧		
保存的基地址		
函数内变量		
其他		

(e) 从 is_prime()函数返回后的栈帧

main()栈帧		
num	151	...
参数1	151	
返回地址		
is_palindromic_prime()栈帧		
falg	X	...
参数1	151	
返回地址		

(f) 从 is_palindromic_prime() 函数返回后的栈帧

main()栈帧		
num	151	...
参数1	151	
返回地址		

1）调用 is_palindromic_prime( )函数前的栈帧。当进入 main( )函数后，系统会为 main( )函数分配相应的栈帧，其中包含必备的初始化数据、main( )函数内定义的变量 num 及其他一些杂项。执行第 9 行代码时，需要将实参 num 的值压入栈中供 is_palindromic_ prime(num)函数使用，同时将返回地址也压入栈中，待函数执行完毕返回时使用。此时，流程控制仍在 main( )函数的"领空"，栈帧示意如图 5-6（a）所示。

2）is_palindromic_prime( )函数中调用 is_palindromic(n)函数前的栈帧。流程控制发生变换后，由 main( )函数的"领空"转入 is_palindromic_prime( )函数的"领空"，main( )函数相关的状态都已经保存在栈中，待 is_palindromic_prime( )函数执行完毕后恢复。在代码第 14 行，先判断参数 n 是否为回文数，再判断其是否为素数，逻辑表达式 is_palindromic(n) && is_prime(n)需要先执行第一部分调用。因此，需要将调用 is_palindromic(n)函数的实参 n 的值和调用结束后的返回地址压入栈中。此时，流程控制在 is_palindromic_prime( )函数的"领空"，栈帧示意如图 5-6（b）所示。

3）is_palindromic( )函数执行时的栈帧。流程控制由 is_palindromic_prime( )函数的"领空"转入 is_palindromic(n)函数的"领空"，is_palindromic_prime( )函数相关的状态都已经保存在栈中，待 is_palindromic( )函数执行完毕后恢复。进入 is_palindromic( )函数后，会为函数内的变量及其他项分配存储空间，然后判断形参 n 是否为回文数。此时的栈帧如图 5-6（c）所示。

执行完 is_palindromic( )函数的代码后，n 是否为回文数的判断执行完毕，控制流程从 is_palindromic( )函数返回，对应的栈帧失效，栈帧恢复到图 5-6（b）所示状态。

4）执行 is_prime( )函数的栈帧。调用 is_prime(n)函数前，当前仍为 is_palindromic_ prime( )函数的"领空"。在代码第 14 行，继续执行逻辑表达式 is_palindromic(n) && is_prime(n)的第二部分 is_prime(n)函数。因此，需要将调用 is_prime(n)函数的实参 n 的值和返回地址压入栈中。

进入 is_prime(n)函数中，流程控制由 is_palindromic_prime( )函数的"领空"转入 is_prime(n)函数的"领空"，is_palindromic_prime( )函数相关的状态都已经保存在栈中，待 is_palindromic( )函数执行完毕后恢复。进入 is_prime( )函数后，会为函数内的变量及其他项分配存储空间，然后判断形参 n 是否为素数。此时的栈帧如图 5-6（d）所示。

5）is_prime( )函数执行完毕的栈帧。执行完 is_prime( )函数后，素数判定执行完毕，控制流程从 is_prime( )函数返回，对应的栈帧失效，栈帧恢复到图 5-6（e）所示状态。

6）is_palindromic_prime( )函数执行完毕的栈帧。回文素数判定执行完毕，控制流程从 is_palindromic_prime( )函数返回，对应的栈帧失效，栈帧恢复到图 5-6（f）所示状态。

栈帧对于理解函数调用堆栈及调用过程中的参数传递有相当重要的作用，对于理解代码细节和底层处理逻辑也大有裨益。

5.4 函数的嵌套调用及递归函数

C 语言中，各个函数之间只能平行定义，不允许定义嵌套函数，即不允许在一个函数内部定义另外一个函数。在函数使用过程中，允许在一个函数的内部调用其他函数。

5.4.1 函数的嵌套调用

函数的嵌套调用是指在一个函数 A 内部又调用另外一个函数 B，函数 B 还可以进一步调用函数 C，依次类推。使用函数判断回文素数的示例代码就是典型的三层函数嵌套调用。图 5-7 给出了该函数的调用过程。

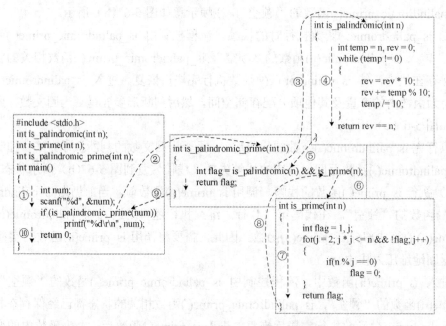

图 5-7 三层函数嵌套调用（判断回文素数）

5.4.2 递归函数

若一个函数在其函数体内又直接或间接调用了自身，则称之为递归函数。若递归过程中函数是直接调用自身，则称为直接递归；若是间接调用自身，则称为间接递归。递归是在函数内部调用其自身，所以递归要解决的必定是可重复性的问题。算法必须是有穷的，需要在一定时间内执行完毕，在某个时刻到达出口结束运行，这就决定了递归函数要解决的问题的规模是逐渐递减的。因此，递归具有以下特性：①问题及其子问题有相同的结构；②子问题的规模逐渐递减；③有终止条件作为出口。

　　编写递归代码时，需要在函数内判断是否满足递归出口条件，这是确保递归程序正确结束的关键；在处理过程中，会根据需要再次调用递归函数本身，但递归子问题的规模必须小于当前调用过程的规模，确保递归过程朝着出口方向前进。用递归算法解决问题时，程序简洁清晰而且易于理解。递归程序的调用复杂，调用过程需要额外开销，而且存在子问题的重复求解，总体上递归程序的执行效率较低。因此，处理复杂问题时，递归程序往往需要与一些特殊设计的算法结合使用。

　　汉诺塔问题是使用递归函数求解的典型示例。汉诺塔问题是这样描述的：有 3 根高度相同的柱子和大小互不相等的一套 64 个圆盘，3 根柱子分别用起始柱 A、辅助柱 B 及目标柱 C 代表。初始时，64 个圆盘按照从小到大的次序置于起始柱 A 上，要求通过辅助柱 B 将 64 个圆盘从起始柱 A 移动到目标柱 C 上。移动过程中，每次只能移动一个圆盘，所有柱子上的圆盘必须严格保持小圆盘在上、大圆盘在下。

　　理解运用递归算法解决汉诺塔问题的关键在于要相信自己能够像神笔马良一样会使用"神笔"。使用递归函数解决汉诺塔问题时，可将问题分为三个大的步骤来解决。①施展一次"神笔"功能，将 A 柱顶端的 N-1 个圆盘借助 C 柱移动到 B 柱上。此时，A 柱只余 1 个最大的圆盘，B 柱有 N-1 个圆盘，C 柱为空。②直接将 A 柱上最大的圆盘移动到 C 柱上。③再次施展"神笔"功能，将 B 柱上剩余的 N-1 个圆盘借助 A 柱移动到 C 柱上。上述处理过程如图 5-8 所示。

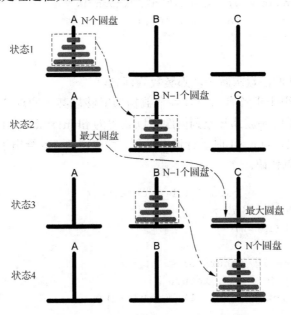

图 5-8　运用递归算法解决汉诺塔问题

　　在此过程中，最让人好奇的莫过于"神笔"功能，这也正是递归的精华所在。两次施展"神笔"功能时，待处理的圆盘数目都是 N-1 个，规模小于原始问题的规模，求解方法却与求解原始问题时相同。"神笔"功能的施展与原始问题的处理方法相同,只需将图 5-8 中的 N 变为 N-1 即可。处理 N-1 个圆盘时,可采用变量替换的方法,令 M=N-1,步骤①就变成了将 M 个圆盘从 A 柱借助 C 柱移动到 B 柱的过程,步骤③则是将 M 个圆盘从 B 柱借助 A 柱移动到 C 柱的过程。M 个圆盘的处理流程与 N 个圆盘的处理流程完全一致,依此类推,直至只余 1 个圆盘时结束。当待移动圆盘数为 1 时,不再需要施展"神笔"功能,上述递归处理过程到达出口。

程序清单 5-5 给出了使用递归函数求解汉诺塔问题的示例代码。

程序清单 5-5   ex0505_hano_recursive.c

```
1  #include<stdio.h>
2  void move(int disks, char source, char dest)
3  {  printf("%d号圆盘 %c -> %c\n",disks,source,dest);  }
4  void hano(int n, char A, char B, char C)
5  {
6    if (n == 1) move(n, A, C);
7    else
8    {  hano(n-1,A,C,B);  move(n,A,C);  hano(n-1,B,A,C);  }
9  }
10 int main()
11 {
12   int count = 0;  scanf("%d", &count);
13   hano(count, 'A', 'B', 'C');
14   return 0;
15 }
```

例 5-7 利用递归函数求解斐波那契数列问题。

递归函数通常用于求解有出口且各个数据项能够以某个通项公式进行表达的数学模型。用递归程序求解斐波那契数列问题可以表述为 $fib(n) = fib(n-1) + fib(n-2)$,出口条件是 n 值为 0 和 1,当 n > 1 时进行递归过程。程序清单 5-6 给出了递归函数求解斐波那契数列问题的示例代码。

程序清单 5-6   ex0506_fib_recursive.c

```
1  #include <stdio.h>
2  long fib(int n)
3  {
4    if(n == 0)  return 0;
5    else if(n == 1)  return 1;
6    else  return fib(n-1) + fib(n-2);
7  }
8  int main()
9  {
10   long month, rabbits;
```

```
11    scanf("%d", &month);  rabbits = fib(month);
12    printf("%d月后共有兔子%ld对\n", month, rabbits);
13    return 0;
14  }
```

5.4.3 递归调用的执行过程

函数调用过程中，实参、局部变量和调用结束时的返回地址等信息都存放在栈结构中。递归调用过程分为递推过程和回归过程两部分。函数调用链条上，每调用一次，都需要将各种信息压栈，直至满足递归终止条件为止；回归过程中，不断从栈中弹出相关信息，直至返回最初调用处为止。

例 5-8 分析递归函数求解斐波那契数列的执行过程。

当 n 为 5 时，使用递归函数求解斐波那契数列问题的执行过程如图 5-9 所示。

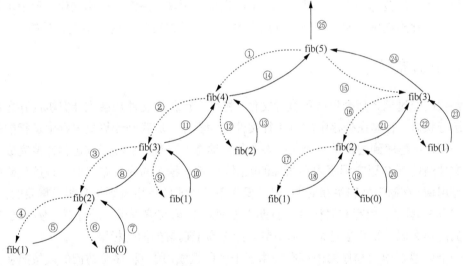

图 5-9 递归函数求解斐波那契数列问题（n 为 5）的执行过程

参考程序清单 5-6，求解 fib(5)时，递推过程和回归过程如下：

1）求解 fib(5)应得到 fib(4) + fib(3)，需先计算 fib(4)的值（对应第①步），搁置 fib(3)；

2）求解 fib(4)应得到 fib(3) + fib(2)，需先计算 fib(3)的值（对应第②步），搁置 fib(2)；

3）求解 fib(3)应得到 fib(2) + fib(1)，需先计算 fib(2)的值（对应第③步），搁置 fib(1)；

4）求解 fib(2)应得到 fib(1) + fib(0)，需先计算 fib(1)的值（对应第④步），搁置 fib(0)；

5）求解 fib(1)时，到达递归出口，fib(1)的值为 1，将 1 返回（对应第⑤步）；

6）求解 fib(0)时，到达递归出口，fib(0)的值为 0，将 0 返回（对应第⑥和⑦步）；

7）fib(2)返回 1（对应第⑧步），fib(3) = 1 + fib(1)，求解 fib(1)获得 1 返回（对应第⑨和⑩步）；

8）fib(3)返回 2（对应第⑪步），fib(4) = 2 + fib(2)，递归求 fib(2)获得 1 返回（对应第⑫和⑬步）；

9）fib(4)返回 3（对应第⑭步），fib(5) = 3 + fib(3)，递归求 fib(3)获得 2 返回（对应第⑮~㉔步）；

10）计算 fib(5) = 3 + 2 = 5，从 fib(5)返回 5 给调用方（对应第㉕步），至此递归过程结束。

5.5 变量的作用域和存储类型

一个变量的完整定义包括存储类型和数据类型两部分，存储类型和数据类型不分先后次序，通常存储类型在前、数据类型在后。变量在代码中的位置和变量的存储类型决定了变量的作用范围和生存周期。作用范围也称作用域，决定了在哪些代码段中可以引用变量，生存周期则表明在程序执行周期中的哪一阶段变量在内存中是有效的。

5.5.1 内存布局

源代码经过编译后会生成可执行文件，将可执行程序文件加载到计算机内存之后就进入运行状态。存储在外存中的可执行文件称为程序，加载到计算机内存中运行的程序称为进程，从程序到进程是一个从静态变化到动态的过程。从程序到进程需要完成从可执行文件结构到 C 语言程序内存布局的映射。C 语言程序的内存布局对于理解代码中变量的作用域、存储类型和生存周期，以及操作系统资源的使用规则具有相当重要的作用。通过 C 语言程序的内存布局模型，有助于加深对 C 语言编程思想的理解。实际 C 语言程序的内存布局模型相当复杂，本小节只给出易于理解的简化模型。

一个典型 C 语言程序的内存布局由若干个段组成，用户程序可访问的段按照从低地址到高地址顺序依次包括文本段、只读数据段、可读写数据段、堆区、共享区、栈区及其他段等，基本结构如图 5-10 所示。

1）文本段也称代码段，用于存储源代码编译后的可执行机器代码。文本段的大小在程序运行前就已经确定，运行时该区域内数据只读。

2）全局/静态区用于存储全局变量和静态变量。根据数据是否已经初始化，该区可分为已初始化数据段（.data）和未初始化数据段（.bss）两部分。已初始化数据段用于存储通过赋值语句显式初始化为非 0 值的全局变量和静态变量，变量值在运行时是可变的；未初始化数据段用于存储初始化为 0 或没有经过显式初始化的全局变量和静态变量等内容。

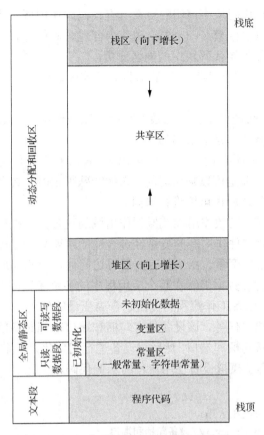

图 5-10　典型 C 语言程序的内存布局

3）动态分配和回收区由堆区、栈区和两者之间的共享区构成。堆区通常用作动态内存分配，从低地址向高地址处生长，堆空间分配常用函数包括 malloc( )函数、realloc( )函数和 free( )函数等。堆中空间的分配和回收由程序员负责。栈区用于存储自动变量、保存函数调用时的相关信息。当发生函数调用时，函数的返回地址、调用者的上下文环境都被存储在栈中。进入被调用函数"领空"后，会在新的栈帧上为函数内的自动变量等内容分配存储空间。在栈区分配存储空间的变量，会按照定义顺序从高到低分配存储地址。

5.5.2　变量的作用域

当变量 A 在代码的某个位置被定义后，只能在一定区域才可以访问它，该区域称为变量 A 的作用域。变量的作用域从空间角度对变量可被访问的范围进行了限定，包括代码块作用域、函数作用域、原型作用域和文件作用域。

1）代码块作用域。在 C 语言中，用"{}"括起来的所有语句构成一条复合语句，也称为一个代码块。在代码块中声明的变量具有代码块作用域,从声明位置到代码块结束都可以访问。在代码块嵌套(一个复合语句内部包含其他复合语句)的情况下,内层代码块中的变量将隐藏外层代码块中的同名变量。

2)函数作用域。变量在声明它们的函数体及该函数体嵌套的任意代码块中都是可以被访问的。

3)原型作用域。函数原型就是函数的声明,原型作用域只适用于函数声明中的参数名(函数声明中的参数名是非必需的)。

4)文件作用域。在所有代码块之外声明的变量具有文件作用域,从声明之处直到其所在的源文件结尾处都是可以被访问的。未做特殊限定时,具有文件作用域的变量在其他源文件中经过声明之后也可以进行访问。

具有代码块作用域、函数作用域或原型作用域的变量只能在代码的局部被访问,因此称为局部变量。具有文件作用域的变量经过合适的声明后,在代码中的任何位置都可以被访问,因此称为全局变量。由于具有全局可访问性,因此全局变量间接实现了函数调用的参数传递,同时使数据能够在整个应用程序的各个函数间共享。

例 5-9 以某生产设备工作流程为例演示全局变量的使用。

某设备可以完成检测任务,该设备具有句柄和端口项等必备信息。使用设备前需要从配置文件中读取设备句柄和端口,然后对设备进行初始化,设备完成工作后必须关闭。

程序清单 5-7 给出了模拟设备使用流程的示例代码。

程序清单 5-7 　　　　　　ex0507_device_sim.c

```
1   #include <stdio.h>
2   int handle, port;//设备句柄和端口
3   int read_config()
4   {
5     printf("正在读取设备配置文件...\n");
6     handle = 5575849, port = 5001;//设置句柄和端口值
7     return 1;
8   }
9   int init()
10  {
11    read_config();  printf("正在初始化设备...\n");
12  }
13  void do_work(int handle, int port)
14  {
15    printf("设备正在工作...\n");
16  }
17  void close(int handle, int port)
18  {
19    printf("正在关闭设备...\n");  printf("设备关闭成功\n");
20  }
```

```
21  int main()
22  {
23    init();  do_work(handle, port);  close(handle, port);
24    return 0;
25  }
```

程序清单 5-7 中，第 2 行定义了两个全局变量，用于保存设备的句柄和端口信息。第 3～20 行定义了读取配置文件函数 read_config( )、设备初始化函数 init( )、设备工作函数 do_work( )和设备关闭函数 close( )。read_config( )函数中，将从配置文件中读取的设备句柄和端口信息保存到全局变量 handle 和 port 中，这两个参数将作为与设备相关的其他函数的参数。

全局变量的作用域是文件级或跨文件级，其具有许多便利的同时也会带来副作用，甚至会导致难以发现的潜在问题。

5.5.3　变量的存储类型

变量的存储类型是指变量的存储地址在程序内存布局中的位置，存储类型决定了变量被创建和销毁的时间及变量值的保持时间。从变量值的保持时间/生存周期的角度进行划分，变量的存储类型可以分为静态存储方式和动态存储方式。静态存储方式是指变量在程序运行期间分配固定存储地址的方式。动态存储方式是指变量在程序运行期间根据需要动态分配存储空间的方式。变量的存储类型包括 auto（自动）、register（寄存器）、static（静态）和 extern（外部）。

1. 自动变量

自动变量也称局部变量，用关键字 auto 修饰，通常省略不写。自动变量是动态存储变量，存储在栈区。在函数内或代码块中声明的变量，其默认的存储类型就是 auto。

2. 寄存器变量

寄存器变量也是自动变量，用关键字 register 修饰。寄存器变量的值存储在 CPU 寄存器中，可以提高程序的运行速度，但目前使用较少。

3. 静态变量

static 关键字既可以修饰局部变量，也可以修饰全局变量。存储类型为 static 的变量存储在全局静态区，变量创建后在整个程序运行期间都不释放，其生命周期是创建后至程序运行结束。

未初始化的静态变量会被自动初始化为 0。在函数内部初始化的静态局部变量只在首次执行函数时被初始化一次，再次执行函数时将忽略初始化语句。因为静态变量的生存周期是从创建后到程序运行结束，所以访问静态变量获得的结果是其最后一次被修改的值。

static 修饰全局变量或函数时，将导致全局变量或函数的作用域被限制在当前源文件中。static 修饰局部变量时，该变量的作用域会被限制在定义它的函数内。

例 5-10 设计函数调用计数器。

程序清单 5-8 给出了函数调用计数器的示例代码。

```
程序清单 5-8              ex0508_func_counter.c
1   #include <stdio.h>
2   int outter_count;//全局变量对函数调用计数
3   int show_websiteinfo()
4   {
5     static int inner_count = 0;//静态变量计数
6     outter_count++;  inner_count++;
7     return inner_count;
8   }
9   int main()
10  {
11    int i, res;
12    for (i = 1; i <= 5; i++)
13    {
14      res = show_websiteinfo();
15      printf("函数当前访问次数为%d %d\n", outter_count, res);
16    }
17    return 0;
18  }
```

程序清单 5-8 中，第 2 行定义了全局变量 outter_count 对函数访问次数进行计数，该变量具有文件级作用域，因此在 main( )函数（第 15 行）中可直接对之进行访问。

在 show_websiteinfo( )函数体第 3～8 行内定义了局部静态变量 inner_count，同样实现了对函数访问次数进行计数。变量 inner_count 从 show_websiteinfo( )函数第一次调用被初始化为 0，其生存周期从创建开始直至程序执行结束为止，在此期间其值一直有效。inner_count 的作用域为函数级，仅在 show_websiteinfo( )函数中可以被访问。

4. 外部类型

extern 用来修饰在函数外部定义的全局变量。通常情况下，全局变量的作用域从其定义处开始到程序文件的末尾结束，其生存期为程序运行的整个过程。

有些情况下，全局变量未在程序文件的开头定义，其有效作用域仅限于定义处到文件末尾，设计者却希望能进一步扩展其作用域，如将全局变量的作用域扩展到全文件或其他文件。将全局变量作用域扩展到当前文件适用于全局变量定义在当前程序文件中间的某个位置的情况。出于某些特殊需求，需要在全局变量的定义点之前对之进行引用，可以在引用全局变量之前使用关键字 extern 对之进行声明，说明该变量是外部变量，将其作用域扩展到声明的位置。

将全局变量的作用域扩展到其他文件适用于多文件程序。一个较复杂的 C 语言程序由多个源程序文件和头文件组成，每个头文件与对应的源文件匹配，完成整个程序的一部分功能。有些数据需要在各个文件之间进行共享，如与系统配置相关的信息需要在各个文件中都能读取、与系统存档相关的数据需要在各个文件中都能对之进行修改等。

例如，在 config.c 中定义了与系统配置相关的全局变量"int port = 5001"，在初始化代码 init.c、系统设置代码 settings.c 及主程序 prog.c 中均需要使用。很显然，四个文件中需要使用的是同一个配置变量 port，不能在 init.c、settings.c 和 prog.c 中再分别重新定义变量 port，否则会出现数据不一致的情况，同时编译链接时还会出现变量重复定义的错误提示。其正确的处理方法是在 init.c、settings.c 和 prog.c 文件开头处分别使用"extern port;"对 config.c 中的全局变量 port 进行声明。

C 语言中的变量只能定义一次，但可以声明多次。定义时会为变量分配相应的存储空间，声明只是说明需要引用某个已经定义过的变量，该变量可以在当前文件的某个位置定义，也可以在其他文件中定义。port 变量经过声明之后，在编译和链接时，编译器就知道 init.c、settings.c 和 prog.c 等文件中的 port 变量是在其他文件中定义的，会在 config.c 文件中获得全局变量 port 的定义信息，并将其作用域扩展到声明 port 变量的源代码文件中。

在 C 语言中，对于函数的作用域扩展也采用相同的处理规则。函数默认的存储类型为 extern，只需要在使用函数的文件中对其进行声明即可。也可以将函数的声明放在一个头文件当中，然后在需要使用该函数的源文件开头处使用#include 命令包含该头文件。

例 5-11 多文件处理示例。

本示例在不同文件中分别定义与圆和阶乘相关的函数，采用多文件对这些函数进行测试和处理，总体思路如下：①在 const.c 中定义与各种操作相关的常量，对在 const.h 头文件中定义的常量进行 extern 声明，将这些全局变量进行跨文件作用域扩展，以便在其他文件中使用这些常量；②在 circle_func.c 中定义求圆周长、面积函数，在 circle_func.h 头文件中进行声明；③在 math_func.c 中定义求阶乘函数，在 math_func.h 头文件中进行声明；④在驱动文件 main.c 中对各个函数进行测试。

1）常量的定义和声明。文件夹 ex0509 下的源程序文件 consts.c 给出了示例中的常量定义。

```
1 double pi = 3.14;   double e = 2.718;   double g = 9.8;
```

文件夹 ex0509 下的头文件 consts.h 给出了示例中的常量声明。

```
1 extern double pi;   extern double e;   extern double g;
```

2）圆相关函数的定义和声明。文件夹 ex0509 下的源程序文件 circle_func.c 给出了示例中圆相关函数的定义。

```
1  #include "consts.h"
2  double get_circle_diameter(double r)
3  { return 2 * pi * r; }
4  double get_circle_area(double r)
5  { return pi * r * r; }
```

源程序文件 circle_func.c 中，求圆周长和面积的函数需要使用常量 pi，需要在文件开头处包含头文件 consts.h。添加头文件后，相当于在 circle_func.c 开头处使用 extern 对常量 pi、e 和 g 进行了声明，说明这些外部变量在其他文件中进行了定义。

文件夹 ex0509 下的头文件 circle_func.h 给出了圆相关函数的声明。

```
1 double get_circle_diameter(double r);
2 double get_circle_area(double r);
```

3）阶乘函数的定义和声明。文件夹 ex0509 下的源程序文件 math_func.c 给出了示例中阶乘函数的定义。

```
1  long factorial(int n)
2  {
3   long i, res = 1;
4   for (i = 2; i <= n; i++)
5    res *= i;
6   return res;
7  }
```

文件夹 ex0509 下的头文件 math_func.h 给出了阶乘函数的声明。

```
1 long factorial(int n);
```

4）各函数的功能测试。文件夹 ex0509 下的源程序文件 main.c 给出了对各函数进行测试的示例代码。

```
1   #include <stdio.h>
2   #include "consts.h"
3   #include "math_func.h"
4   #include "circle_func.h"
5   int main()
6   {
7    long num, fact;
8    double r, diameter, area;
9    scanf("%ld%lf", &num, &r);
10   fact = factorial(num);
```

```
11    diameter = get_circle_diameter(r);
12    area = get_circle_area(r);
13    //输出处理结果
14    return 0;
15  }
```

5.5.4　变量的作用域和存储类型总结

下面从作用域、生存期、初始化等不同角度对局部变量、全局变量和静态变量的特征进行简要的总结。

1. 局部变量

局部变量的作用域和生存周期是一致的。局部变量具有块作用域，从局部变量定义处开始到其所在函数或程序块结束。局部变量的生命周期随函数的调用或代码块的执行而开始，随函数体或代码块的结束而结束。因此，局部变量在每次函数被调用时都被重新定义并分配存储单元，其存储地址不固定，随着程序的运行而变化。若局部变量未初始化，则其值为系统分配的随机值。因此，局部变量在第一次使用前必须赋初值。

作用域不同的变量，系统为它们分配的存储地址也不相同。当变量的作用域发生重叠时，内层作用域内的变量会屏蔽外层作用域的同名变量。

2. 全局变量

全局变量的作用域从定义处开始到其所在文件末尾，也可以通过 extern 关键字将其作用域扩展到全局或其他文件。在全局变量作用域内，其值可以被任何代码使用或修改。全局变量的生存周期是程序的整个运行过程。

3. 静态变量

静态变量在编译时系统为其分配固定的存储地址，其生命周期是程序运行的整个过程。

（1）作用域

局部静态变量的作用域从定义处开始到其所在函数或代码段结束，全局静态变量的作用域从定义处开始到程序文件的结束位置。简而言之，局部静态变量作用域不能超出函数或代码块，全局静态变量作用域不能超出文件。在代码文件中使用 static 修饰变量，使得变量不能进入应用程序的全局范围，避免了与应用程序中其他全局变量的命名冲突。

（2）初始化

静态变量只在编译时初始化一次，再次访问时不再重新初始化。静态变量若未被初始化，系统会自动将其初始化为 0。

变量的作用域和存储类型的对应关系如表 5-1 所示。

表 5-1　变量的作用域和存储类型的对应关系

存储类型		文件内				文件外	
		函数内		函数外			
		访问性	存在性	访问性	存在性	访问性	存在性
局部变量	auto	√	√				
	static	√	√	×	√		
全局变量	static	√	√	√	√		
	extern	√	√	√	√	√	√

程序设计练习

1．编写函数，计算一个给定整数 n 中最大的数位值。

2．编写素数函数和验证函数，验证"任何一个充分大（不小于 6）的偶数总可以表示成两个素数之和"，其中验证函数有一个 int 型输入参数为待验证偶数，当验证结果为真时返回 1，否则返回 0。

3．编写函数 fact(int n)，计算给定整数 n（n > 0）的阶乘，并用该函数计算 1! + 2! + … + N!，其中 N ≤ 10。

4．在数学中，五角数的定义为 n(3n-1)/2，n = 1, 2, …。编写函数 int get_pentagonal (int m, int n)，计算 m～n 内的五角数之和。

5．编写函数 int get_digit_sum(int n)，计算给定整数 n 的所有数位之和。例如，当输入为 12345 时，输出为 15。

6．编写函数 void print_diamond(int n)，输出由"*"构成的菱形。例如，当输入为 3 时，输出如图 5-11 所示。

```
   *
  ***
 *****
*******
 *****
  ***
   *
```

图 5-11　练习题 6

7．编写函数 void print_YH_triangle(int n)，输出杨辉三角。在杨辉三角中，每个待输出的数值都可以由 C_i^j 组合值确定，其计算公式如下：

$$C_i^i = 1, i = 0, 1, 2, \cdots; \quad C_i^j = C_i^{j-1} * (i - j + 1) / j, j = 1, 2, \cdots, i$$

例如，当输入值 n 为 4 时（i=n），输出结果如图 5-12 所示。

```
        1
       1 1
      1 2 1
     1 3 3 1
    1 4 6 4 1
```

图 5-12　练习题 7

8．编写函数 int get_factor_sum(int n)，计算给定整数 n 的所有素数因子之和。例如，当输入为 120 时，返回结果为 14。

9．编写函数 double get_round_e(int n)，根据公式 $e = 1 + \dfrac{1}{1!} + \dfrac{1}{2!} + \dfrac{1}{3!} + \cdots$ 求解自然常数 e 的前 n 项近似值。

10．编写函数 void print_rand_matrix(int k, int m, int n)，输出 k 阶随机数方阵，方阵中的每个数值取值范围为 m～n（含 m 和 n）。

11．若一个素数 n 可以表示为 2^{p-1}（p 为正整数），则称 n 为梅森素数。编写函数 void mersenne_primes( )，求解所有满足 p 值（p ≤ 31）的梅森素数。

12．编写函数 void print_reverse_number(int n)，将整数 n 的各个数位值逆序后输出。例如，当输入为 12345 时，输出为 54321。

13．编写函数，求解 n 阶勒让德多项式之值。其计算公式如下：

$$P_n(x) = \begin{cases} 1, & n = 0 \\ x, & n = 1 \\ \dfrac{(2n-1)x - P_{n-1}(x) - (n-1)P_{n-2}(x)}{n}, & n > 1 \end{cases}$$

14．编写函数 int get_days(int year, int month, int day)，根据给定年、月、日信息计算该日期是该年的第几天。

15．编写函数 int get_decimal(int n)，计算 n（n < 9）位十六进制数对应的十进制数值。在函数内部，按照从高位到低位的顺序依次输入十六进制数的各个数位值。例如，输入为 4 位十六进制数 F287，则输出结果为 62087。

第6章 数　　组

　　当待处理的数据是批量性质相同的数据，且需要后续进一步处理时，如求解 10000 条左右数据的均值、方差及峰度、偏度等信息，使用控制结构与基本数据类型相配合的方式难以实现。为了实现批量数据的多步骤处理，就需要对这些数据进行持久保存。在这种情况下，为每个数据单独定义变量、使用顺序和分支控制结构进行处理的方式完全不可取，使用循环控制结构才是正确的处理方法。使用循环控制结构时，要求待处理的数据有规律可循，如此才能在循环体中对数据进行处理。C 语言中，数组是满足上述要求的构造数据类型。

　　在前述章节中，各示例处理的数据都是基本数据类型，包括 int、long、double 等数值类型及 char 字符型。除了基本数据类型外，C 语言还提供了由基本数据类型按照一定规则组合或构造而成的构造数据类型。数组是典型的构造数据类型，用于表示和存储性质相同的批量数据，数据的类型可以是基本数据类型，也可以是用户自定义的数据类型。

　　数组使用固定的名字与变化的下标相结合来表示批量数据，数组名代表整个数据集合，下标是与元素对应的唯一序号，数组名+下标就能表示集合中的具体元素。与身份证号码类似，前 6 位为归属地集合，后 12 位则用于表示某一公民对应的号码，前 6 位+后 12 位就能唯一表示一名公民。在 C 语言中，一个数组在内存中占有一片连续的存储区域，数组名就是这块存储区域中第一个元素中第一个字节对应的存储地址。

6.1　一　维　数　组

6.1.1　一维数组的定义

　　数组也需要遵循先定义后使用的原则，使用之前必须先定义。因为数组是批量数据的集合，而且集合中元素的数目是有限的，加之集合中的数据是有类型的，所以数组必须有类型且需要固定大小。因此，定义数组需要确定数据类型、数组名称、数组的维度和各维度的大小。定义一维数组的一般语法格式如下：

```
data_type array_name[const_expr];
```

其中，**data_type** 为数组的数据类型，可以是基本数据类型，也可以是用户自定义数据类型；**array_name** 为数组名，是合法的标识符；"[]"为必须项，用于标识数组和界定数组下标；const_expr 必须为常量表达式，用于表示数组中元素的总数。

数组中，用于标识各个元素索引信息的量称为下标，下标从 0 开始。对于有 N 个元素的数组，数组元素下标的变化范围为 0～N－1。例如，下述语句均为合法的数组定义：

```
double scores[5];//定义有 5 个元素、名为 scores 的 double 型数组
int week_days[7];//定义有 7 个元素、名为 week_days 的 int 型数组
```

以 int week_days[7]为例，在进行某次调试时数组各元素值及存储地址分布情况如图 6-1 所示。数组元素 week_days[0]的存储地址为 0x00d5f974，week_days[1]的存储地址为 0x00d5f978，…，week_days[6]的存储地址为 0x00d5f98c。0x00d5f974，0x00d5f978，0x00d5f97c，…，0x00d5f98c，各元素的存储地址构成一个顺序递增序列，各地址值之间相差 4 字节，恰好为 1 个 int 型元素所占存储空间大小。由此可见，数组在内存中占用一片连续存储空间，各元素的存储地址按下标增大次序递增。

监视 1				监视 2		
名称	值	类型		名称	值	类型
⊟ ♦ week_days	0x00d5f974	int [7]		⊞ ♦ &week_days[0]	0x00d5f974	int *
♦ [0]	-858993460	int		⊞ ♦ &week_days[1]	0x00d5f978	int *
♦ [1]	-858993460	int		⊞ ♦ &week_days[2]	0x00d5f97c	int *
♦ [2]	-858993460	int		⊞ ♦ &week_days[3]	0x00d5f980	int *
♦ [3]	-858993460	int		⊞ ♦ &week_days[4]	0x00d5f984	int *
♦ [4]	-858993460	int		⊞ ♦ &week_days[5]	0x00d5f988	int *
♦ [5]	-858993460	int		⊞ ♦ &week_days[6]	0x00d5f98c	int *
♦ [6]	-858993460	int				

图 6-1　数组各元素值及存储地址分布情况

数组名对应的值为 0x00d5f974，与 week_days[0]的存储地址相同。由此可见，数组名本质上就是一个存储地址，是数组中下标为 0 的元素的存储地址。可以根据上述结论计算数组中任一元素的存储地址，公式为&array[i] = array + i * sizeof(data_type)，其中 data_type 为数组元素的数据类型。以 int week_days[7]为例，数组的首地址为 0x00d5f974，则&week_days[4] = 0x00d5f974 + 4 * sizeof(int) = 0x00d5f974 + 16 = 0x00d5f984。

若数组的存储类型为 auto（为局部数组），系统会在栈区为之分配存储空间。在栈区为数组分配存储空间时，系统会将数组作为一个整体，按照各个变量的定义顺序从高到低分配存储地址，但数组元素之间则是从低地址向高地址变化，如图 6-2 所示。

名称	值	类型
⊞ ♦ &year	0x003bfbc0	int *
⊞ ♦ &month	0x003bfbb4	int *
⊞ ♦ &week_days	0x003bfb90	int [7]*
⊞ ♦ &i	0x003bfb84	int *
⊞ ♦ &week_days[0]	0x003bfb90	int *
⊞ ♦ &week_days[1]	0x003bfb94	int *
⊞ ♦ &week_days[2]	0x003bfb98	int *
⊞ ♦ &week_days[3]	0x003bfb9c	int *
⊞ ♦ &week_days[4]	0x003bfba0	int *
⊞ ♦ &week_days[5]	0x003bfba4	int *
⊞ ♦ &week_days[6]	0x003bfba8	int *

图 6-2　局部变量存储地址分配及数组内各元素的存储地址分配原则

需要注意的是，定义数组时方括号中的表达式只能包含常量（表达式），不能包含变量，不允许对数组大小进行动态定义。以下为错误数组定义语句：

```
int MAX_NUM = 7;// 错误，定义整型变量
int week_days[MAX_NUM];//错误，定义数组时[]内为非常量表达式
```

6.1.2　一维数组元素的引用

一般而言，数组的引用方式有两种：一是对数组进行整体引用，二是对数组中的元素进行单个元素引用。对数组整体进行引用时，通常是将数组作为函数参数；数组是由性质相同的批量元素构成的，每个数组元素都是一个变量，可以像普通变量一样对之进行引用，包括对数组元素进行赋值、使数组元素参与表达式运算等。

数组名是所有数组元素的集合，为了能够标识每个数组元素，需要为这些元素分配唯一的下标序号。下标从 0 开始，通过固定的数组名与具体下标相结合，就可以唯一表示数组中的任一具体元素，如图 6-3 所示。

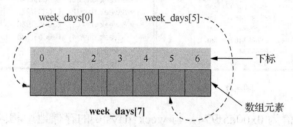

图 6-3　通过下标引用数组元素

定义数组后，通过数组名[下标]的方式引用具体数组元素的一般语法格式如下：

1）array_name[index] = expr;

2）expr1 operator1 array_name[index] operator2 expr2;

其中，方式 1）是对下标为 index 的数组元素进行赋值，方式 2）则将下标为 index 的数组元素作为表达式的一部分参与运算。

例 6-1　利用数组计算给定年月中前几个月（含给定月份）的总天数。

将各个月份对应的天数保存到数组中，对闰年的 2 月份进行特殊处理，累加各个月份的天数后输出。程序清单 6-1 给出了使用数组求解给定年月累积天数的示例代码。

```
程序清单 6-1        ex0601_month_days.c
1   int days[13], year, month, i, sum = 0;
2   days[1] = days[3] = days[5] = days[7] = 31;
3   days[8] = days[10] = days[12] = 31;
4   days[4] = days[6] = days[9] = days[11] = 30;
5   days[2] = 28;
6   scanf("%d%d", &year, &month);
```

```
7    if((year % 400 == 0) || (year %4 == 0 && year % 100 !=0))
8      days[2]++;
9    if(month >=1 && month <=12)
10     for (i = 1; i <= month; i++)
11       sum += days[i];
12   printf("%d年前%d个月有%d天\n",year, month, sum);
```

在引用数组元素时，下标值应在合法范围内，不能超过数组定义的范围。引用数组元素时，C 语言不对数组下标范围进行检查，即使数组下标越界，编译器也不给出错误提示，这一点需要特别注意。

6.1.3　一维数组的初始化

与普通变量一样，数组元素在使用之前需要经过初始化或赋初始值。对数组元素进行初始化需要在定义数组时进行，也可以在数组定义之后再对各个数组元素分别赋初值。在定义数组时，对数组元素进行初始化的一般语法格式如下：

```
data_type array_name[const_expr] = {init list};
```

其中，init list 为初始化值列表，元素间以逗号分隔。

例如，程序清单 6-1 中，第 2～5 行可以使用 int days[13] = {0, 31, 28, 31, 30, 31, 30, 31, 31, 30, 31, 30, 31}进行初始化。初始化工作只能在定义数组时进行。

init list 中给定的初始化值的个数可以少于数组元素个数。当 init list 中列表的项数少于数组元素个数时，数组元素按照下标从小到大（从 0 开始）依次从初始化列表中获得初值，其余数组元素被初始化为 0。例如，int data[5] = {1, 2}将 data 数组前两个元素初始化为 1 和 2，其他三个元素则初始化为 0；int arr[5] = {0}可将 arr 的所有元素均设置为 0；int tmp[5] = {-1}则只能将 tmp[0]设置为-1，而其他元素则默认初始化为 0。

对数组进行初始化时，也可以省略数组大小，编译器会自动根据 init list 中初始值的项数计算数组的大小，如 int days[] = {0, 31, 28, 31, 30, 31, 30, 31, 31, 30, 31, 30, 31}。

6.1.4　一维数组使用举例

例 6-2　统计输入流中每个英文字母的出现次数（区分大小写）。

求解本题的核心是完成字符到数组下标间的映射关系，如图 6-4 所示。其处理过程涉及以下三个关键点：①大小写字母共计 52 个，定义一个包含 52 个元素的 int 型数组，下标 0～25 存储大写字母的出现次数，下标 26～51 存储小写字母的出现次数；②使用 ch - 'A'进行大写字母和下标间的转换，如'A' - 'A' = 0，即当前字母为'A'时其对应的下标为 0；③小写字母'a'与大写字母'A'之间下标相差 26。

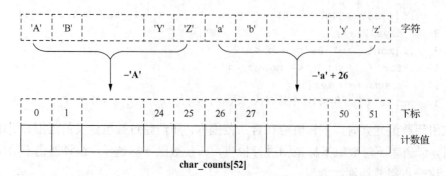

图 6-4 字符与数组下标间的映射关系

编写代码时，定义有 52 个元素的 int 型数组，将大写字母的计数映射到数组下标 0～25（使用 ch – 'A' 进行下标映射），将小写字母的计数映射到数组下标 26～51（使用 ch – 'a' + 26 进行下标映射）。

程序清单 6-2 给出了统计输入流中每个英文字母出现次数的示例代码。

程序清单 6-2   ex0602_char_counts.c

```
1    #include <stdio.h>
2    int main()
3    {
4      int char_counts[52] = {0}, idx;
5      char ch;
6      while((ch = getchar()) != '\n')
7      {
8        if (ch >= 'A' && ch <= 'Z')
9        {   idx = ch - 'A';   char_counts[idx]++;   }
10       if (ch >= 'a' && ch <= 'z')
11       {   idx = ch - 'a' + 26;   char_counts[idx]++;   }
12     }
13     for (idx = 0; idx < 52; idx++)
14     {
15       if (idx < 26)
16         ch = (char)('A' + idx);
17       else
18         ch = (char)('a' + idx -26);
19       printf("%c出现次数为%d\n", ch, char_counts[idx]);
20     }
21     return 0;
22   }
```

程序清单 6-2 中，在定义 char_counts 数组时直接将各元素初始化为 0，进行清零操作的目的是确保统计结果正确。在实际编程时，对数组元素进行初始化或清零是非常必要的，元素未初始化往往是导致程序运行结果异常的主要原因，而且这类问题很难排查。

例 6-3 统计一组（不超过 100）成绩中的最大值及其所在位置。

程序清单 6-3 给出了统计成绩最大值及其所在位置的示例代码。

程序清单 6-3　　　　ex0603_max_score_pos.c

```
1   #include <stdio.h>
2   int main()
3   {
4     double scores[101] = {0}, max_element;
5     int i, count, max_idx;
6     scanf("%d", &count);
7     for (i = 1; i <= count; i++)
8       scanf("%lf", &scores[i]);
9     max_element = scores[1], max_idx = 1;
10    for (i = 1; i <= count; i++)
11    {
12      if (max_element < scores[i])
13      {   max_element = scores[i];    max_idx = i;    }
14    }
15    printf("最大值为%lf，所在位置为%d", max_element, max_idx);
16    return 0;
17  }
```

6.2 二 维 数 组

在编写代码处理实际问题时，待处理的数据不仅包含一维序列，还包含以矩阵等方式呈现的二维表格、三维网格，甚至更高维的数据。一维数组相当于一行数据，需要一个下标来确定元素；二维数组相当于一个表格，需要用行和列两个下标来确定元素；三维数组需要 Z 轴、行和列三个下标来确定元素；依此类推，N 维数组需要使用 N 个下标来确定元素。在程序设计中，最常用的就是一维数组和二维数组。

6.2.1　二维数组的定义

定义二维数组的一般语法格式如下：

```
data_type array_name[const_row_size][const_col_size];
```

其中，**data_type** 是数组的数据类型；常量表达式 const_row_size 表示二维数组的行数，常量表达式 const_col_size 表示二维数组的列数，行和列的下标都从 0 开始，下标变化范围与一维数组一致。

以下是合法的二维数组定义：

```
double scores[2][3];//定义 2 行 3 列 double 型二维数组 scores
int coefficient[3][4];//定义 3 行 4 列 int 型二维数组 coefficient
```

若将一维数组看作一个元素 X，二维数组就可以看作由 X 构成的一维数组；若将二维数组作为一个元素 Y，则三维数组就可以看作由 Y 构成的一维数组，也可以看作由 X 构成的二维数组，可将此类推到多维情况。

根据线性编址原理，逻辑上的高维数组也需要以一维形式在内存中存储。C 语言中，二维数组采用"按行"优先顺序在内存中连续存放，先存放第一行，再存第二行、第三行……以二维数组 coefficient[3][4]为例，其对应的一维存储如图 6-5 所示。

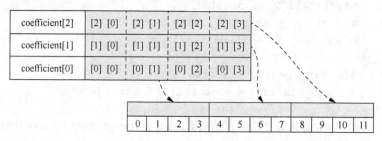

图 6-5　二维数组的一维存储

借助集成开发环境的调试工具，在某次调试过程中，二维数组 coefficient 对应的存储地址如图 6-6 所示。二维数组 coefficient 可看作包含三个元素的一维数组，每个元素又是一个具有四个元素的一维数组，如图 6-6 左侧子图所示。

监视 1			
名称	值	类型	^
⊟ ◆ coefficient	0x00b6faf8	int [3][4]	
⊟ ◆ [0]	0x00b6faf8	int [4]	
◆ [0]	-858993460	int	
◆ [1]	-858993460	int	
◆ [2]	-858993460	int	
◆ [3]	-858993460	int	
⊟ ◆ [1]	0x00b6fb08	int [4]	
◆ [0]	-858993460	int	
◆ [1]	-858993460	int	
◆ [2]	-858993460	int	
◆ [3]	-858993460	int	
⊟ ◆ [2]	0x00b6fb18	int [4]	
◆ [0]	-858993460	int	
◆ [1]	-858993460	int	
◆ [2]	-858993460	int	
◆ [3]	-858993460	int	

监视 2			
名称	值	类型	^
⊞ ◆ &coefficient[0][0]	0x00b6faf8	int *	
⊞ ◆ &coefficient[0][1]	0x00b6fafc	int *	
⊞ ◆ &coefficient[0][2]	0x00b6fb00	int *	
⊞ ◆ &coefficient[0][3]	0x00b6fb04	int *	
⊞ ◆ &coefficient[1][0]	0x00b6fb08	int *	
⊞ ◆ &coefficient[1][1]	0x00b6fb0c	int *	
⊞ ◆ &coefficient[1][2]	0x00b6fb10	int *	
⊞ ◆ &coefficient[1][3]	0x00b6fb14	int *	
⊞ ◆ &coefficient[2][0]	0x00b6fb18	int *	
⊞ ◆ &coefficient[2][1]	0x00b6fb1c	int *	
⊞ ◆ &coefficient[2][2]	0x00b6fb20	int *	
⊞ ◆ &coefficient[2][3]	0x00b6fb24	int *	
◆ sizeof(coefficient)	48	unsign	
⊞ ◆ coefficient[0]	0x00b6faf8	int [4]	
⊞ ◆ coefficient[1]	0x00b6fb08	int [4]	
⊞ ◆ coefficient[2]	0x00b6fb18	int [4]	˅

图 6-6　二维数组 coefficient 各元素的存储地址

1）二维数组名 coefficient 是一个值为 0x00b6faf8 的存储地址，与 coefficient[0]的值相同，对应整型数组元素 coefficient[0][0]的存储地址。二维数组名 coefficient 对应的是二维网格中的行，coefficient[0]是第 0 行，coefficient[1]是第 1 行，coefficient[2]是第 2 行，这一点需要特殊注意。尽管二维数组名 coefficient 的值与数组元素 coefficient[0][0] 的存储地址相同，但二者有本质的区别。

2）数组元素 coefficient[0][0]～coefficient[0][3]、coefficient[1][0]～coefficient[1][3] 和 coefficient[2][0]～coefficient[2][3]的存储地址顺序递增，两元素地址相差 4 字节（1 个 int 型变量所占存储空间）。

3）数组元素 coefficient[0][0]的存储地址为 0x00b6faf8，coefficient[1][0]的存储地址为 0x00b6fb08，coefficient[2][0]的存储地址为 0x00b6fb18，各地址间相差 16 字节，恰好为 4 个 int 型变量所占存储空间。更进一步，coefficient[0][3]的存储地址为 0x00b6fb04，其下一个元素的存储地址应为 0x00b6fb08，恰好为 coefficient[1][0]的存储地址。同样，coefficient[1][3]和 coefficient[2][0]的存储地址相邻。由此可以确定，二维数组在内存中以一维行优先的方式存放。

对于 M 行 N 列的二维数组，通过数组元素在内存的排列顺序可以计算出任一数组元素的存储地址，对应的公式为&array[i][j] = array + (i * N + j) * sizeof(data_type)，其中 data_type 为数组元素的数据类型。以 int coefficient[3][4]为例，假设数组的首地址为 0x00b6faf8（数组名 coefficient 的值为 0x00b6faf8），则&coefficient[1][2] = 0x00b6faf8+ (1 * 4 + 2) * sizeof(int) = 0x00b6faf8+ 24 = 0x00b6fb10。

6.2.2　二维数组元素的引用

二维数组及数组元素的引用方式与一维数组相同，可以将数组名作为整体进行引用，也可以通过指定下标的方式引用具体数组元素。下面以二维数组 coefficient[3][4]为例来说明不同引用方式对应的结果。

1. 使用数组名的引用方式

数组名 coefficient 是整个数组对应存储空间的首地址，对应的是数组中的一行，其值与数组的首元素 coefficient[0][0]的地址相同。

2. 使用数组名和行下标的引用方式

数组名与行下标相结合的结果仍为存储地址，对应数组中某行元素的首地址。例如，coefficient[0]的值为 0x00b6faf8，是二维数组 coefficient 中第 0 行的存储地址，值与&coefficient[0][0]相同；coefficient[1]的值为 0x00b6fb08，是二维数组 coefficient 中第 1 行的存储地址，值与 coefficient[1][0]的存储地址相同；coefficient[2]的值为 0x00b6fb18，是二维数组 coefficient 中第 2 行的存储地址，值与 coefficient[2][0]的存储地址相同。

3. 使用数组名和行、列下标的引用方式

引用二维数组元素时需要提供行和列两个下标，否则无法正确引用数组元素。例如，coefficient[0][0]为数组中第 1 个元素，coefficient[1][2]为数组中第 7 个元素。

引用二维数组元素时，同样需要注意各个维度的下标应在合理的变化范围内，不能超出定义时给定的下标范围。

6.2.3 二维数组的初始化

二维数组的初始化是在定义二维数组时给全部或部分数组元素赋以初值。对二维数组进行初始化有以下几种方法。

1. 给所有数组元素赋初值

给所有数组元素赋初值时，给定初始值个数需要与数组元素的总数相同，既可以采用逐行方式为所有元素赋初值，也可以逐元素赋初值。

1）逐行给所有元素赋初值。每行初值放在一个{}内，元素间内用逗号分隔，各行初值数据间也以逗号分隔。例如，double scores1[2][3] = {{78.6, 98.3, 80}, {77.5, 86, 91}}。

2）按数组元素在内存中的排列顺序对二维数组逐元素赋初值。将所有初值置于一个{}内，各初值间以逗号分隔。例如，double scores2[2][3] = {78.6, 98.3, 80, 77.5, 86, 91}。

3）对全部数组元素赋初值时，第一维的长度可以省略，第二维的长度必须给出，编译器会自动计算数组的实际行数。例如，double scores3[][3] = {78.6, 98.3, 80, 77.5, 86, 91}，同样定义了 2 行 3 列的二维 double 型数组，并对所有数组元素赋初值。

2. 给部分数组元素赋初值

对部分数组元素初始化，既可以逐行进行，也可以逐元素进行，未得到初始值的数组元素会被置 0。例如，double scores4[2][3] = {{78.6}, {77.5, 86}}和 double scores5[2][3] = {78.6, 98.3}，对应的数组元素初始化结果如图 6-7 和图 6-8 所示。

名称	值	类型
⊟ ● scores4	0x0073fd78	double [2][3]
⊟ ● [0]	0x0073fd78	double [3]
● [0]	78.599999999999994	double
● [1]	0.0000000000000000	double
● [2]	0.0000000000000000	double
⊟ ● [1]	0x0073fd90	double [3]
● [0]	77.500000000000000	double
● [1]	86.000000000000000	double
● [2]	0.0000000000000000	double

名称	值	类型
⊟ ● scores5	0x0073fd40	double [2][3]
⊟ ● [0]	0x0073fd40	double [3]
● [0]	78.599999999999994	double
● [1]	98.299999999999997	double
● [2]	0.0000000000000000	double
⊟ ● [1]	0x0073fd58	double [3]
● [0]	0.0000000000000000	double
● [1]	0.0000000000000000	double
● [2]	0.0000000000000000	double

图 6-7　逐行对二维数组部分元素初始化　　　　图 6-8　逐元素对二维数组部分元素初始化

6.2.4 二维数组使用举例

例 6-4 计算二维矩阵之和。

矩阵加法需要定义在两个维度相同的矩阵上，结果矩阵的维度与源矩阵维度相同，结果矩阵的元素值为两个源矩阵对应元素之和。在 C 语言中，可以使用二维数组表示一个 M 行 N 列的二维矩阵。因此，定义三个二维数组 matrixA、matrixB 和 matrixC 分别存储矩阵 A、矩阵 B 及矩阵 C，通过二重循环以行优先顺序将二维数组 matrixA 和 matrixB 按列逐元素相加获得 matrixC。

程序清单 6-4 给出了计算 M 行 N 列二维矩阵之和的示例代码。

```
程序清单 6-4          ex0604_matrix_add.c
1    #include <stdio.h>
2    int main()
3    {
4      int matrixA[10][10], matrixB[10][10], matrixC[10][10] = {0};
5      int m, n, i, j;//实际矩阵为 m 行 n 列(m、n<=10)
6      scanf("%d%d", &m, &n);
7      for(i = 0; i < m; i++)//输入矩阵 A
8        for(j = 0; j < n; j++)
9          scanf("%d", &matrixA[i][j]);
10     for(i = 0; i < m; i++)//输入矩阵 B
11       for(j = 0; j < n; j++)
12       {
13         scanf("%d", &matrixB[i][j]);
14         matrixC[i][j] = matrixA[i][j] + matrixB[i][j];
15       }
16     for(i = 0; i < m; i++)//输出矩阵 C
17     {
18       for(j = 0; j < n; j++)
19         printf("%d ", matrixC[i][j]);
20       printf("\n");
21     }
22     return 0;
23   }
```

例 6-5 计算方阵主、次对角线元素之和。

行数与列数相等的矩阵称为方阵。方阵的主对角线是从左上角到右下角斜线方向上的 n 个元素所在的对角线，次对角线是从左下角到右上角斜线方向上的 n 个元素所在的对角线。图 6-9 给出了三阶方阵和四阶方阵的主、次对角线。

$$\begin{pmatrix} a_{51} & a_{12} & a_{13} \\ a_{21} & a_{11} \\ a_{51} & a_{32} & a_{33} \end{pmatrix} \quad \begin{pmatrix} a_{15} & a_{12} & a_{13} & a_{14} \\ a_{21} & a_{22} & a_{11} & a_{24} \\ a_{31} & a_{32} & a_{33} & a_{34} \\ a_{41} & a_{42} & a_{43} & a_{14} \end{pmatrix}$$

图 6-9　三阶方阵和四阶方阵的主、次对角线

观察方阵主对角线和次对角线上元素的行列索引可以发现，主对角线上元素的行和列索引值相同，次对角线上行和列索引之和为方阵阶数（方阵的行数或列数）-1。设二维数组当前的行下标为 i、列下标为 j，则判断主对角线元素的条件为 i == j，判断次对角线元素的条件则为 i+j == n-1（二维数组的行、列下标均从 0 开始）。

程序清单 6-5 给出了计算 M 行 N 列二维矩阵对角线之和的示例代码。

程序清单 6-5　　　　　ex0605_matrix_add_diagonal.c

```
1   #include <stdio.h>
2   int main()
3   {
4     int matrix[10][10] = {0}, sum = 0, n, i, j;
5     scanf("%d", &n);
6     for(i = 0; i < n; i++)//输入方阵各元素值
7       for(j = 0; j < n; j++)
8         scanf("%d", &matrix[i][j]);
9     for(i = 0; i < n; i++)//计算矩阵C
10    {   sum += matrix[i][i];    sum += matrix[i][n - i - 1];    }
11    if(n % 2)//奇数阶方阵需要删除重复计算的中心值
12      sum -= matrix[n/2][n/2];
13    printf("主次对角线元素之和为%d\n", sum);
14    return 0;
15  }
```

第 9 和 10 行用一个单重循环计算主、次对角线元素之和，主对角线元素为 matrix[i][i]，次对角线元素为 matrix[i][n - i - 1]。因为主、次对角线元素是单独计算的，当方阵为奇数阶时中心元素会被重复计算，所以需要在第 11 和 12 行对这一情况进行特殊处理。

也可以使用二重循环计算方阵主对角线和次对角线元素之和，循环中使用 i == j || (i + j) == n - 1 作为主、次对角线元素的判定条件。因为 i == j || (i + j) == n - 1 会采取短路计算规则，所以当待处理的数组元素为奇数阶方阵的中心元素时也不会被重复计算。

```
1 for(i = 0; i < n; i++)
2   for(j = 0; j < n; j++)
3     if(i == j || (i + j) == n -1)
4       sum += matrix[i][j];
```

6.3 字符数组和字符串

字符串是由一对英文双引号"""作为定界符的若干个字符构成的序列。存储字符串时，系统自动在字符串的尾部加入一个'\0'。'\0'是转义字符，C 语言中'\0'作为字符串结束的标志。'\0'与'0'不同，'\0'的 32 位二进制编码为 0x00000000，'0'的二进制编码为 0x00110000。C 语言没有专门的字符串变量，但提供了字符数组来处理字符串。

6.3.1 字符数组的定义

用于存放字符数据的数组就是字符数组。一维字符数组可以存放若干个字符，也可以存放一个字符串。存放一组相关的字符串时，可以通过二维字符数组来实现。例如，char name[11]可以存储一个学生的名字信息，而 char stu_names[20][11]可以存储最多 20 个学生的名字信息。

定义字符型数组时需要注意，'\0'不是字符串的一部分，但需要占用 1 字节存储空间。因此，定义字符数组时，数组的大小要比实际存放字符的最大数目多 1。例如，char name[11]可存放 11 个字符，但最多只能存放由 10 个字符构成的字符串。

6.3.2 字符数组的初始化

判断字符数组中存放的是字符还是字符串的关键是数组结尾是否有结束标记'\0'。一些对字符串进行处理的函数在处理字符串时均以'\0'作为字符串结束标志，在未遇到'\0'时将一直向后处理。字符数组有逐字符初始化和字符串初始化两种初始化方法。

1. 逐字符初始化字符数组

字符数组的初始化方法与数值型数组初始化方法一致。逐字符初始化字符数组的方式是逐个给字符数组中各个元素指定初值字符，如 char dev_name1[12] = {'c', 'o', 'm', 'p', 'u', 't', 'e', 'r'}，其对应的存储结果如图 6-10 所示。

当只对字符数组中一部分元素进行初始化时，未给定初值的数组元素均被初始化为 0（'\0'），不会影响字符串相关函数的输出结果。在对全部元素指定了初值的情况下，字符数组的大小可以省略，如 char dev_name4[] = {'c', 'o', 'm', 'p', 'u', 't', 'e', 'r'}，其对应的存储结果如图 6-11 所示。这种初始化方式并未留出字符串结束标志'\0'的存储位置，会影响字符串相关函数的输出结果。

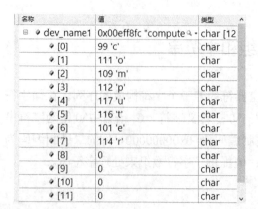

名称	值	类型
⊟ ● dev_name1	0x00eff8fc "compute⊕ -	char [12
● [0]	99 'c'	char
● [1]	111 'o'	char
● [2]	109 'm'	char
● [3]	112 'p'	char
● [4]	117 'u'	char
● [5]	116 't'	char
● [6]	101 'e'	char
● [7]	114 'r'	char
● [8]	0	char
● [9]	0	char
● [10]	0	char
● [11]	0	char

名称	值	类型
⊟ ● dev_name4	0x00eff8c4 "compute⊕ -	char [8]
● [0]	99 'c'	char
● [1]	111 'o'	char
● [2]	109 'm'	char
● [3]	112 'p'	char
● [4]	117 'u'	char
● [5]	116 't'	char
● [6]	101 'e'	char
● [7]	114 'r'	char

图 6-10　对字符数组中部分元素进行初始化结果　　图 6-11　指定全部初值的字符数组初始化结果

2. 利用字符串初始化字符数组

可用一个字符串对字符数组进行初始化，如 char dev_name2[12]= "computer"，其对应的存储结果与图 6-10 相同。由此可见，若初值列表中的字符数目小于字符数组的大小，未得到初值的数组元素会被初始化为 0，不影响字符串相关函数的输出结果。

利用字符串初始化字符数组时，也可以省略字符数组的大小，如 char dev_name3[] = "computer"，其对应的存储结果如图 6-12 所示，系统会自动在字符串尾部添加结束标志 '\0'，实际占用存储空间大小为字符个数 + 1。

名称	值	类型
⊟ ● dev_name3	0x00eff8d4 "compute⊕ -	char [9]
● [0]	99 'c'	char
● [1]	111 'o'	char
● [2]	109 'm'	char
● [3]	112 'p'	char
● [4]	117 'u'	char
● [5]	116 't'	char
● [6]	101 'e'	char
● [7]	114 'r'	char
● [8]	0	char

图 6-12　使用字符串初始化字符数组结果

例 6-6　结合函数栈帧和内存布局分析字符数组的输出结果及其原因。

程序清单 6-6 给出了使用不同初始化方式对字符数组初始化的示例代码。

程序清单 6-6　　　　ex0606_init_char_array.c

```
1    #include <stdio.h>
2    int main(void)
```

```
3   {
4     char dev_name1[12] = {'c', 'o', 'm', 'p', 'u', 't', 'e', 'r'};
5     char dev_name2[12]= "computer";
6     char dev_name3[] = "computer";
7     char dev_name4[] = {'c', 'o', 'm', 'p', 'u', 't', 'e', 'r'};
8     char dev_name5[12];
9     dev_name5[0] = 'c', dev_name5[1] = 'o', dev_name5[2] = 'm';
10    dev_name5[3] = 'p', dev_name5[4] = 'u', dev_name5[5] = 't';
11    dev_name5[6] = 'e', dev_name5[7] = 'r';
12    printf("%s\n", dev_name1); printf("%s\n", dev_name2);
13    printf("%s\n", dev_name3); printf("%s\n", dev_name4);
14    printf("%s\n", dev_name5);
15    return 0;
16  }
```

6.3.3 字符数组使用举例

例 6-7 根据输入年份计算其干支纪年信息。

干支是天干和地支的总称,天干包括"甲、乙、丙、丁、戊、己、庚、辛、壬、癸",地支包括"子、丑、寅、卯、辰、巳、午、未、申、酉、戌、亥"。干支纪年是指中国纪年历法,将干支信息顺序相配,天干从"甲"字开始,地支从"子"字开始顺序组合,以六十为周期构成一个周期纪年信息,分别为甲子、乙丑、丙寅、丁卯、戊辰、己巳、庚午、辛未、壬申、癸酉、甲戌、乙亥、丙子、丁丑、戊寅、己卯、庚辰、辛巳、壬午、癸未、甲申、乙酉、丙戌、丁亥、戊子、己丑、庚寅、辛卯、壬辰、癸巳、甲午、乙未、丙申、丁酉、戊戌、己亥、庚子、辛丑、壬寅、癸卯、甲辰、乙巳、丙午、丁未、戊申、己酉、庚戌、辛亥、壬子、癸丑、甲寅、乙卯、丙辰、丁巳、戊午、己未、庚申、辛酉、壬戌、癸亥。

1)计算天干信息。计算 year % 10 – 3(设为 x),若 x > 0,则 x 即为天干顺序数;若 x < 0,需要通过 x += 10 进行修正,修正后 x 即为天干顺序数。例如,若 year % 10 为 3,则经过 x = year % 10 – 3 计算后,x 的值为 0,应为天干的最后一位"癸"。因为对天干数以 10 为基数求余,所得余数为 0~9,应将最后一位"癸"移至前端,所以从 0 开始的天干顺序数为"癸甲乙丙丁戊己庚辛壬"。

2)计算地支信息。计算 year % 12 – 3(设为 y),若 y > 0,则 y 即为地支顺序数;若 y < 0,需要通过 y += 12 进行修正,修正后 y 即为地支顺序数。例如,若 year % 12 为 3,则经过 y = year % 12 – 3 计算后,y 的值为 0,应为地支的最后一位"亥"。从 0 开始的地支顺序数为"亥子丑寅卯辰巳午未申酉戌"。

3)合并天干顺序数和地支顺序数。将天干顺序数和地支顺序数合并起来,即为所求的干支年份信息。例如,2001 年查万年历为辛巳年,算法计算步骤如下:①2001 ÷ 10 =

200……1，1 - 3 = -2，-2 + 10 = 8，天干顺序数为 8，对应"癸甲乙丙丁戊己庚辛壬"第 8 位"辛"；②2001 ÷ 12 = 166……9，9 - 3 = 6，地支顺序数为 6，对应"亥子丑寅卯辰巳午未申酉戌"第 6 位"巳"；③将天干顺序数与地支顺序数合并，可知 2001 年为辛巳年。

程序清单 6-7 给出了使用字符数组求解给定年份对应干支纪年信息的示例代码。

程序清单 6-7   ex0607_power_calendar.c

```
1   #include <stdio.h>
2   int main()
3   {
4       //因余数没有 10，故需要将天干地支的最后一个移动到最前端
5       char st[] = "癸甲乙丙丁戊己庚辛壬";//10 为除数
6       char br[] = "亥子丑寅卯辰巳午未申酉戌";
7       int year, x, y;
8       scanf("%d", &year);
9       x = year % 10 - 3;//年份对应的天干信息
10      x = x < 0 ? x + 10 : x;//负数修正
11      y = year % 12 - 3;//年份对应的地支信息
12      y = y < 0 ? y + 12 : y;//负数修正
13      printf("%d 年是%c%c%c%c 年", year, st[2 * x],
14              st[2 * x + 1], br[2 * y], br[2 * y + 1]);
15      return 0;
16  }
```

输出计算结果时需要注意，GB 2312—1980 编码中一个汉字占用 2 字节存储空间，st[2 * x]和 st[2 * x + 1]代表天干中的一个汉字，br[2 * y]和 br[2 * y + 1]代表地支中的一个汉字。

6.4 常用字符串处理函数

C 语言专门为处理字符串提供了丰富的标准函数，string.h 头文件中包括这些函数的声明，需要在源代码文件的开头使用#include<string.h>命令包含该头文件才可以使用这些字符串处理函数。本节主要介绍常用字符串处理函数。

1. 字符串长度

strlen( )函数用于求字符串的长度，即字符串中的实际字符数。strlen( )函数的声明如下：

```
size_t strlen(const char *str);
```

其中，size_t 是无符号整型数。

当函数执行成功时，返回以'\0'结尾的字符串或字符数组中的字符数，不包括结束符 '\0'。例如，"char msg[] = "please input a number"; int len1 = strlen(msg);int len2 = sizeof(msg);"，长度 len1 为 21，实际占用空间大小 len2 为 22。

2. 字符串复制

strcpy ( )函数的功能是将第二个参数所指向的源字符数组内容复制到第一个参数所指向的字符数组中。strcpy ( )函数的声明如下：

```
char * strcpy(char *destination, const char *source);
```

函数执行时，将第二个字符数组中的所有字符（包括结束符'\0'）复制到第一个字符数组中，第一个参数所指向的字符数组所能容纳的字符数应该不小于第二个参数所指向的字符数组中字符的个数。函数的返回值为第一个参数的值，通常不使用函数的返回值。例如，执行语句序列"char str1[]="I love C!"; char str2[40] = ""; char str3[40] = ""; strcpy (str2,str1); strcpy (str3, "copy successful");"之后，字符数组 str2 与 str1 的内容完全相同，字符数组 str3 的内容是以'\0'结尾的字符串"copy successful"。

3. 字符串连接

strcat( )函数的功能是将第二个参数所指向的字符数组中的所有字符复制到第一个参数所指向的字符数组的尾部。strcat ( )函数的声明如下：

```
char * strcat(char *destination, const char *source);
```

函数执行后，第一个字符数组的结束符会被第二个字符数组的首字符覆盖，复制第二个字符数组中字符时包括结束符。函数的返回值为第一个参数的值，通常不使用。例如，执行语句序列"char str[80] = ""; strcpy (str, "I "); strcat (str, "love "); strcat (str, "C"); strcat (str, "!");"之后，字符数组 str 的内容为以'\0'结尾的字符串"I love C!"。

使用该函数时，要确保 destination 所指向的字符数组有足够的存储空间。调用此函数后，第一个参数所指向字符数组的长度等于两个参数所指向字符数组的长度之和。

4. 字符串比较

strcmp ( )函数的功能是按 ASCII 值比较两个字符数组中包含字符内容的大小。strcmp ( )函数的声明如下：

```
int strcmp(const char *str1, const char *str2);
```

函数执行时，先比较 str1[0]与 str2[0]，若两者相同则继续比较下一个，直至 str1[i]与 str2[i]不相等或有一个字符数组遇到结束符时为止。若两个字符数组中所有字符均相同，则函数返回 0；出现第一个不相同字符 str1[i]和 str2[i]时，若 str1[i] < str2[i]则返回

-1，若 str1[i] > str2[i]则返回 1。例如，strcmp("abcd", "abcd")返回结果为 0，strcmp("abcd", "ac")返回结果为-1，strcmp("abcd", "Abcdef")返回结果为 1。

5. 字符串读入

对字符串进行输入时，除了在 scanf( )函数中使用"%s"进行处理之外，还可以使用 gets( )函数从标准输入中读取字符并将其存储到字符数组中。gets( )函数的声明如下：

```
char * gets(char *str);
```

函数参数 str 为一个字符数组，形式上使用 char *str 表示。gets( )函数读取字符向字符数组中存储时不会检查数组下标是否越界，直到换行符或文件结尾时终止。函数读取字符时会忽略作为读取结束标志的换行符，读取结束后会自动附加字符串终止符'\0'。

6. 字符串输出

对字符串进行输出时，除了在 printf( )函数中使用"%s"进行处理之外，还可以使用 puts( )函数将字符数组写入标准输出中，并自动添加换行符'\n'。puts( )函数的声明如下：

```
int puts(const char *str);
```

puts( )函数输出时不会检查数组下标是否超出范围，输出过程直到遇到字符串终止符'\0'为止，但输出内容不包括'\0'。

6.5 数组作函数参数

当使用基本数据类型变量作函数参数时，形参和实参有不同的存储地址，发生函数调用时，会将实参的值复制给形参。因为形参与实参的存储地址相互独立，所以改变形参的值不会影响到实参。

从本章前几节的分析中可知，数据名本质上就是一个存储地址，与数组中第一个元素的存储地址相同。若将数组名作为函数参数，即将一个存储地址作为函数参数时，实参与形参之间如何进行参数传递？如果在函数内部对形参进行了某些操作，会不会对实参产生影响呢？下面通过一个简短的示例查看数组名作为函数参数时的处理规则。

程序清单 6-8 给出了使用函数交换变量和交换数组元素的示例代码。

程序清单 6-8   ex0608_swap_array_elements.c

```
1   #include <stdio.h>
2   void swap_data(int x, int y)
3   {  int temp = x;  x = y;  y = temp;  }
4   void swap_array(int data[2])
5   {
```

```
6      int temp;
7      temp = data[0];  data[0] = data[1];  data[1] = temp;
8    }
9    int main()
10   {
11     int m, n, num[2];
12     scanf("%d%d%d%d", &m, &n, &num[0], &num[1]);
13     swap_data(m, n);
14     printf("交换后 m = %d, n = %d\n", m, n);
15     swap_array(num);
16     printf("交换数后 num[0] = %d, num[1] = %d\n", num[0], num[1]);
17     return 0;
18   }
```

程序清单 6-8 中，swap_data( )函数的功能是交换两个 int 型变量的值，swap_array( )
函数的功能是交换两个数组元素的值。

1. 形参为基本数据类型的交换函数

main( )函数中定义了两个 int 型变量 m 和 n，其值分别为 1 和 2，在某次运行中，m
的存储地址为 0x007efa88，n 的存储地址为 0x007efa7c。调用 swap_data( )函数时，流程
控制转到 swap_data( )函数的"领空"。形参 x 的存储地址为 0x007ef994，形参 y 的存储
地址为 0x007ef998，与实参 m 和 n 的存储地址不同。实参与形参之间进行参数传递就
是将实参值复制给形参。函数内部交换两个形参值之前，形参和实参的存储地址和值在
内存中的存储情况如图 6-13 所示。

图 6-13 交换之前形参和实参的存储地址和值在内存中的存储情况

执行 swap_data( )函数后，形参和实参的存储地址和值在内存中的存储情况如图 6-14
所示。从图 6-14 中数据在内存中的存储情况可见，形参 x 和 y 的值确实进行了交换。
交换操作处理的对象是形参数据，与实参数据不相关，实参未发生任何变化。

由上述分析可以确定，当函数参数为基本数据类型时，函数调用过程中的参数传递
就是将实参值复制给形参，对形参的操作不影响实参。

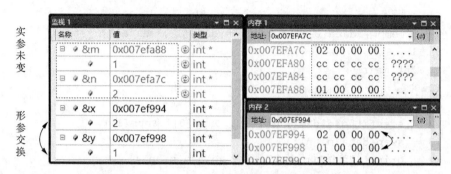

图 6-14 交换之后形参和实参的存储地址和值在内存中的存储情况

2. 形参为数组名的交换函数

main( )函数中定义了有两个元素的 int 型数组 num，数组元素的值分别为 3 和 4。在某次运行中，num 的存储地址为 0x007efa6c，num[0]的存储地址为 0x007efa6c，num[1]的存储地址为 0x007efa70。调用 swap_array( )函数时，流程控制转到 swap_array( )函数的"领空"。形参数组 data 的存储地址为 0x007ef998，值为 0x007efa6c，与实参 num 的存储地址不同，但二者的值是相同的。由此可见，函数参数为数组名时，实参与形参之间进行参数传递仍然是将实参值复制给形参。

此时，实参 num 与形参 data 的值均为同一个存储地址 0x007efa6c，以形参作为桥梁间接对该存储地址中保存的数据进行改变时，这种改变是持久的，而且会影响到实参，因为两者对应的是同一个存储地址。其工作原理如图 6-15 所示。

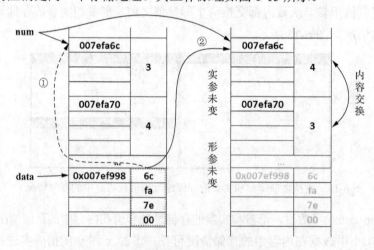

图 6-15 形参为数组名时数据交换的工作原理

与生活中的配钥匙相似，虽然是两把不同的钥匙，但这两把钥匙对应的却是同一把锁，打开锁后进入的是同一个房间，无论哪个钥匙持有者对房间进行了改变，都将对房间产生持久的影响。钥匙并不关键,可以有一把、两把甚至多把,关键是通过钥匙能够间接地对房间中的内容进行持久改变。

进入 swap_array( )函数中,参数传递完成,通过形参数组 data 的值 0x007efa6c 可以间接进入实参数组 num 对应的内存空间,形参数组元素 data[0]的存储地址为 0x007efa6c,data[1]的存储地址为 0x007efa70。swap_array( )函数内部交换两个形参数组元素值之前,形参和实参的存储地址和值在内存中的存储情况如图 6-16 所示。

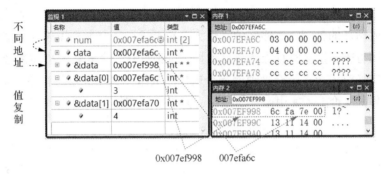

图 6-16　交换形参数组元素之前形参和实参的存储地址和值在内存中的存储情况

执行 swap_array( )函数后,形参和实参的存储地址和值在内存中的存储情况如图 6-17 所示。从图 6-17 中数据在内存中的存储情况可见,以存储地址为纽带,对形参数组元素的改变会间接影响实参(并未改变形参 data 及其值,是通过存储地址间接对形参数组元素进行了交换,这一点需要注意)。

图 6-17　交换形参数组元素之后形参和实参的存储地址和值在内存中的存储情况

当函数参数为数组名时,函数调用过程中的参数传递依然将实参值复制给形参,借助形参值对应的存储地址间接地将对形参数组元素的操作变为对实参数组元素的操作。

例 6-8　使用函数完成数组元素排序。

对数据进行排序的算法非常多,冒泡排序算法易于理解和实现,是常用的排序算法。冒泡排序是指按照关键字的大小重复扫描待排序的所有元素,两两比较当前元素及下一元素,交换关键字顺序不正确的元素,直至序列中所有元素都不再需要交换,排序即完成。冒泡排序过程中，关键字小的元素会渐渐移动到数组开头，就像气泡一样从底部逐渐上升，所以得名冒泡排序。

对数组元素进行冒泡排序的基本思路如下：①将数组元素整体上划分为两块，一块用于存放尚未排序完成的数组元素（无序区），另一块用于存储已经完成排序的数组元素（有序区）；②使用二重循环完成排序功能。外层循环控制循环次数，内层循环每次从未排好序的数组元素中选出一个最大的数组元素放到有序区的首部。

内循环中，按照关键字大小逐个比较相邻的两个数组元素，将较大的数组元素向后交换。经过内循环的处理，无序区的"最大"元素就已经交换到无序区的尾部，将其合并到有序区的首部。重复执行上述排序过程，直到只有一个元素未排序或者在某轮排序中没有任何交换时为止（无交换说明剩余未排序数组元素已经全部有序，无须排序）。

程序清单 6-9 给出了使用函数对数组元素进行冒泡排序的示例代码。

程序清单 6-9　　　　ex0609_bubblesort.c

```
1   void bubble_sort(int data[], int start, int len)
2   {
3     int i, j, temp, k = 0, flag;//定义是否交换标志
4     for (i = start; i < start + len - 1; i++)
5     {
6       flag = 1;
7       for (j = start; j < start + len - k - 1; j++)
8         if (data[j] > data[j + 1])
9         {
10          temp = data[j]; data[j] = data[j + 1];  data[j + 1] = temp;
11          flag = 0;
12        }
13      k++;
14      if (flag)//若本轮循环未进行数据交换，则说明待排序数据为有序数据，故跳出循环
15        break;
16    }
17  }
```

bubble_sort( )函数的第一个参数是待排序数组，第二个参数是待排序数组的起始位置下标，第三个参数是排序区间的长度。外层 for 循环控制循环次数，共 len 个元素需要排序，循环变量 i 从 start 变化到 start+len-2，共执行 len-1 次外循环。内层循环的主要功能是从未排序的数组元素中交换最大的元素，总是从无序区的起始位置 start 开始处理剩余的 len-1-k（其中，k 为已经排好序的元素个数）个元素。若某一次内循环未进行数据交换，则说明所有待排序数据已经有序，再进行排序已无意义，跳出排序过程。

程序设计练习

1. 二维数组中，若某数组元素在行上为最大值，而在列上为最小值，则称之为"鞍点"。一个二维数组也可能不存在鞍点。编写函数，求二维数组的鞍点，若存在鞍点则输出鞍点值及其行、列下标，否则输出"不存在鞍点"的提示信息。

2. 编写函数 int get_days(int year, int month, int day)，根据给定年、月、日信息计算该日期是当年的第几天。

3. 编写函数，统计给定字符串（全部为小写字母）中出现频率最高的字符。

4. 编写函数 int R2dec(int base, char data[], int n)，计算 R 进制数对应的十进制数。Base 为待转换的 R 进制的基数，data 数组为 R 进制数的字符序列（从高位到低位存储），n 为序列中的有效字符个数，返回值为转换后的十进制整数。

5. 编写函数 int dec2R(int n, int base, char data[])，计算十进制数 n 对应的 R 进制值，其中 n 为待转换的十进制数，base 为待转换的目标基数，data 为转换所获得的 R 进制字符序列（从低位向高位存储），返回值为 R 进制字符序列的有效数字位数。

6. 编写函数 int decimal_point2R(double r, int base, char data[], int m)，计算十进制小数 r 对应的 R 进制小数，其中 r 为十进制小数，base 为待转换的目标基数，data 为转换后的 R 进制字符序列（从高位向低位存储），m 为转换后的最大位数限制，返回值为 R 进制字符序列的有效数字位数。

7. 编写函数 void get_YH_triangle(int data[10][10], int n)，计算 n 阶杨辉三角，其中 data 为存放杨辉三角的二维数组，n 为实际杨辉三角的行数（n < 10）。杨辉三角的计算公式为 a[i][0] = a[i][i − 1] = 1，a[i][j] = a[i − 1][j − 1] + a[i − 1][j]。

8. 编写函数 int get_strlen(char data[])，实现与标准函数 strlen( )相同的功能。

9. 编写函数 int my_strcat(char dest[], char source[], int len)，实现与标准函数 strcat( )相同的功能，其中 dest 为目的串，source 为源串，len 为目标串最大长度。

10. 编写函数 int my_strcmp(char str1[], char str2[])，实现与标准函数 strcmp( )相同的功能。

11. 编写函数 void encrypt_str(char data[])实现字符串加密，加密时的处理规则为 ch = ch + (ch − 'A' + n) % 26（n 为字符 ch 在 data 中的下标）。

12. 编写函数 void bubble_sort(int data[10][10], int m, int n)，将二维数组 data 按列进行冒泡排序，其中 m（m < 10）为 data 的实际行数，n 为 data 的实际列数（n < 10）。

13. 编写函数 int my_strcpy(char dest[], char source[], int len)，将 source 字符串复制到 dest 中，其中 len 为目标串最大长度（超出部分作截断处理）。复制时，若未发生截断，函数返回值为 0，否则返回−1。

14. 编写函数 int get_primes(int n, int check[], int prime[])，用筛选法计算不大于 n 的所有素数，其中 check 作为辅助数组，筛选结果保存于 prime 数组中，返回筛选的素数总数（提示：使用埃拉托色尼筛法）。

15. 编写函数 int insert(int data[], int len, int key)，将整数 key 插入有序递增序列 data 中，其中 len 为 data 数组中元素的个数，返回值为移动的元素个数。

第 7 章 指　　针

指针是 C 语言的灵魂，是 C 语言最具特色之处，指针使得 C 语言拥有获得变量地址和操纵变量地址的能力，可以说"指针之下，一切皆无所遁形"。通过指针可以非常方便地访问数组和字符串，能够编写出简洁而高效的应用程序，可以深入理解数据的存储和函数参数传递的本质。只有掌握指针，才能真正理解 C 语言程序设计的真谛。

7.1　指针变量的基础知识

在学习标准化输入函数时，提供给 scanf( )函数的参数必须为变量的存储地址，在数组和数组作为函数参数的章节中也介绍了数组名本质上就是存储地址。由此可见，C 语言中涉及存储之处绝大多数与地址相关。

7.1.1　指针变量及其本质

在 C 语言中，指针变量（简称指针）是一类特殊的变量，用于保存某个变量的存储地址。定义指针变量的一般语法格式如下：

```
data_type *var_name;
```

从语法格式上看，定义指针变量与定义变量非常相似，只需要在变量名 var_name 前加"*"号作为指针变量的标识。

可以从两个角度分析指针变量。一方面，指针变量是变量，具有变量的四个核心要素：变量名、变量值、变量的数据类型和变量的存储地址；另一方面，指针变量是特殊的变量，特殊之处在于其值是某个变量的存储地址，其数据类型必须与关联变量的数据类型相同。当指针变量中保存了某个关联变量的存储地址后，通常称指针指向了该变量。如图 7-1 所示，int 型变量 grade 的值为 9，int 型指针变量 pgrade 指向了变量 grade（pgrade 中保存了变量 grade 的存储地址）。

指针变量的定义、初始化及运算均与普通变量相似，但需要注意这些操作的目标对象都是变量的存储地址。因为指针变量的值是存储地址（指针变量所对应的存储空间中存储的是一个内存地址），而在一个系统中存储地址所占用的位数与系统的字长相关，所以无论指针变量所指向的变量是何种数据类型，指针变量所占用的存储空间都是固定

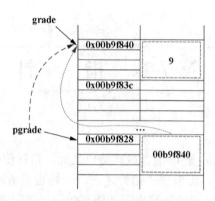

图 7-1   指针变量的存储地址与值

的，这是指针变量的特殊之处，也是 C 语言中广泛使用指针变量传递参数的重要原因。例如，在 32 位系统中，指针变量占用的存储空间是 4 字节（4 × 8 = 32 位）。

与指针变量相关的符号有两个："&" 和 "*"。

1）符号 "&" 置于变量前，功能是获取变量的存储地址，通常用于对指针变量进行初始化或赋值。符号 "&" 只能作用于变量，不能对表达式或常量使用。使用变量的存储地址对指针变量进行初始化也称将指针指向该变量。例如，经过 int *pgrade = &grade 后，指针变量 pgrade 指向了变量 grade，或称 pgrade 是指向变量 grade 的指针。

2）指针变量使用符号 "*" 有两种情况。定义指针变量时使用符号 "*"，表明该变量是一个指针变量；非定义指针变量的情况下，符号 "*" 作为一元运算符作用于指针变量是间接寻址或间接引用（也称解引用），表示对指针变量所指向的目标变量进行读写访问，其中指针变量的值用于找到其所指向的目标变量的存储地址，指针变量的类型用于指示从该地址中以何种格式读取多少字节对应的数据。

程序清单 7-1 定义了三个指针变量，并采用不同形式为之设置了初始值。

程序清单 7-1   ex0701_init_pointer.c
```
1  int grade = 9, level;
2  int *pgrade = &grade;
3  double score, *pscore;
4  int *plevel = NULL;
5  plevel = &level;   pscore = &score;
6  scanf("%d%lf", &level, &score);
7  *pgrade += 2;    level += 1;
8  *pscore = *plevel * score + *pgrade;
```

程序清单 7-1 中，第 2 行定义了 int 型指针变量 pgrade，并使用 int 型变量 grade 的存储地址对其进行初始化，这是指针变量常用的初始化方法。也可以采用第 3 行和第 5 行的处理方式，先定义指针变量 pscore，在使用之前再为指针变量赋值，这种处理方式容易忽略赋值而导致指针变量指向非法地址。第 4 和 5 行代码，定义指针变量时先使用

NULL 对其初始化，保证指针不会指向非法地址，在使用时再对之进行赋值操作，这也是推荐的使用方法。执行第 6 行代码，获得 level 和 score 变量值之前各变量及相关指针变量的存储地址和值如图 7-2 所示。图 7-2 中，指针变量 pgrade 的存储地址为 0x00b9f828，其值为 0x00b9f840，该值恰好为变量 grade 的存储地址。同样，指针变量 plevel 中保存的是变量 level 的存储地址，pscore 中保存的是变量 score 的存储地址。

名称		值	类型	^
⊟	● &grade	0x00b9f840	int *	
	●	9	int	
⊟	● &level	0x00b9f834	int *	
	●	-858993460	int	
⊟	● &pgrade	0x00b9f828	int * *	
⊟	●	0x00b9f840	int *	
	●	9	int	
⊟	● &plevel	0x00b9f800	int * *	
⊟	●	0x00b9f834	int *	
	●	-858993460	int	
⊟	● &score	0x00b9f818	doub	
	●	-9.25596313493178…	doub	
⊟	● &pscore	0x00b9f80c	doub	
	●	0x00b9f818	doub	
	●	-9.25596313493178…	doub	v

图 7-2　使用 scanf( )函数前各变量及相关指针变量的存储地址和值的分布情况

通过 scanf( )函数从输入流中为变量 level 和 score 分别赋值 3 和 95.74 后，变量 level、score 及其对应的指针变量 plevel 和 pscore 的变化如图 7-3 所示。由图 7-3 可见，plevel 通过保存的存储地址 0x00b9f834 间接与变量 level 关联，能够获得变量 level 的变化情况；同样，指针变量 pscore 也能够获得变量 score 的变化情况。

名称		值	类型	^
⊟	● &grade	0x00b9f840	int *	
	●	9	int	
⊟	● &level	0x00b9f834	int *	
	●	3	int	
⊟	● &pgrade	0x00b9f828	int * *	
⊟	●	0x00b9f840	int *	
	●	9	int	
⊟	● &plevel	0x00b9f800	int * *	
⊟	●	0x00b9f834	int *	
	●	3	int	
⊟	● &score	0x00b9f818	doub	
	●	95.73999999999999	doub	
⊟	● &pscore	0x00b9f80c	doub	
⊟	●	0x00b9f818	doub	
	●	95.73999999999999	doub	

图 7-3　使用 scanf( )函数后各变量及相关指针变量的存储地址和值的分布情况

第 7 和 8 行，使用符号"*"作用于指针变量 pgrade 和 pscore，对它们进行间接引用，可以通过指针变量间接设置或者获取其所指向的变量的值。使用 sizeof( )函数可以计算指针变量所占用存储空间的大小。计算三个指针变量 pgrade、plevel 和 pscore 所占用存储空间大小时，结果均为 4，如图 7-4 所示。

名称	值	类型	
◆ sizeof(pgrade)	4	unsigned int	^
◆ sizeof(plevel)	4	unsigned int	
◆ sizeof(pscore)	4	unsigned int	∨

图 7-4　使用 sizeof( )函数计算指针变量所占用存储空间大小

7.1.2　指针变量作函数的参数

编写函数时，函数的形参可以是 int、dobule、char 等基本数据类型，也可以是数组类型，还可以是指针变量。使用数组名或指针变量作为函数参数时，会将调用函数中实参的值（指针变量所保存的存储地址）复制给函数的形参。在函数内部，通过形参间接对地址中存储的数据进行处理后，这种处理结果将会对实参产生持久影响。利用这种影响可以在函数中间接改变实参，同时也增加了一条从函数内部向函数调用者返回数据的通道。程序清单 7-2 给出了使用指针变量作形参的示例代码。

程序清单 7-2　　　　　ex0702_swap_pointer.c

```
1   #include <stdio.h>
2   void swap_data(int *px, int *py)
3   {  int temp = *px;  *px = *py;  *py = temp; }
4   int main()
5   {
6     int m, n;
7     int *pm = &m, *pn = &n;
8     scanf("%d%d", &m, &n);
9     swap_data(pm, pn);
10    printf("交换后 m = %d, n = %d\n", m, n);
11    return 0;
12  }
```

程序清单 7-2 中，定义 int 型指针变量 pm 和 pn 时，分别使用 int 变量 m 和 n 的存储地址对二者进行初始化。调用函数时，将 pm 和 pn 作为实参传递给 swap_data( )函数。进入函数时，通过参数传递将实参指针变量 pm 的值 0x009af7f4 复制给形参 px，将实参指针变量 pn 的值 0x009af7e8 复制给形参 py。此时 m、pm 和 px，n、pn 和 py 的存储地址各不相同，各变量的存储地址和值的分布情况如图 7-5（a）所示。

函数内部通过使用符号"*"对指针变量 px 和 py 间接引用，将 px 和 py 所指向的存储地址（main( )函数中的实参 m 和 n）中保存的数值进行了交换。从图 7-5（b）可以看出，通过间接引用对形参所指向的对象进行访问后，操作结果会间接作用到实参对象，并对之产生持久影响。当控制流程从函数中返回后，从输出结果可见 main( )函数中的实参变量 m 和 n 的值已被交换。

（a）参数传递后各变量的存储地址　　　　（b）函数执行后各变量的存储地址
　　　和值的分布情况　　　　　　　　　　　　和值的分布情况

图 7-5　指针作函数形参时参数传递细节

函数最多只能提供一个返回值给调用者，当调用者需要获得多于一个返回值时，可以利用指针作为函数参数能够对实参地址指向的变量间接产生影响这一特性，为函数增加指针变量作为形参，从而达到获得输出参数的目的。程序清单 7-3 给出了函数中使用指针变量作为输出参数的示例代码。

程序清单 7-3　　　　　　　　　ex0703_pointer_outparameter.c

```
1   #include <stdio.h>
2   double process(double data[10], double *pmax, double *pmin)
3   {
4     int i;
5     double average = 0.0;
6     *pmax = *pmin = data[0];
7     for (i = 0; i < 10; i++)
8     {
9       if(data[i] > *pmax)   *pmax = data[i];
10      if(data[i] < *pmin)   *pmin = data[i];
```

```
11        average += data[i];
12      }
13      return average/10;
14    }
15    int main()
16    {
17      double score[10], max, min, average;
18      int i;
19      for(i = 0; i < 10; i++)
20        scanf("%lf", &score[i]);
21      average = process(score, &max, &min);
22      printf("%.2lf, %.2lf, %.2lf\n", max, min, average);
23      return 0;
24    }
```

程序清单 7-3 中，在函数 process( )的定义中增加了两个 double 型指针变量 pmax 和 pmin 作为形参，用作输出参数，以获取数组中的最大值和最小值。调用函数时，只需将保存最大值和最小值的实参变量 max 和 min 的地址传递给函数作为实参即可。

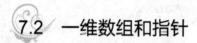

7.2 一维数组和指针

在 6.5 节已经了解到，数组名本质上是一个存储地址，其值为数组中第一个元素的存储地址。在 7.1 节关于指针变量的分析中可知，指针变量的值是一个指向具体元素的存储地址。既然都与元素的存储地址相关，那么一维数组和指针之间必然存在某种内在的联系，使得两者之间既密不可分，又有不可混淆的差异。

7.2.1 一维数组与指针间的对应关系

既然数组名和指针变量都对应着存储地址，那么就可以将数组名或某个数组元素的地址赋值给指针变量，通过指针变量对数组元素进行处理。

例如，下述代码段将数组名和数组元素的存储地址分别赋值给指针变量，通过符号"*"作用于指针变量 pdata，实现了与直接通过下标引用数组元素相同的访问结果。

```
1 int data[4] = {72, 36, 81, 15};
2 int *pdata = data;
3 printf("%d %d %d\n", *pdata, *data, data[0]);
4 pdata = &data[2];
5 printf("%d %d\n", *pdata, data[2]);
```

下标引用操作和间接引用表达式是等价的（但二者的优先级不同），既可以通过数组名+下标的方式访问数组元素，也可以通过将符号"*"作用于指针变量+数值组合的方式访问数组元素。因此，代码段中第 3 行待输出表达式*pdata 和 *data 可以等价改写为 pdata[0]和*(data + 0)，第 5 行待输出表达式 data[2]可以等价改写为*(data + 2)。

　　在 C 语言中，当一个数组名作为表达式的一部分参与运算或者作为函数的形参时，总是将该数组名转换为指向该数组中第一个元素的指针。尽管数组名与指针变量之间在存储内容和操作方式上有许多相似之处，但两者有本质的区别。数组名是代表数组首元素地址的常量，该地址值不可改变，地址中存储的内容（数组元素）是可以改变的；指针变量则不然，指针变量中保存的存储地址和该地址中存储的数据都是可变的，指针变量的值会根据业务处理需要进行改变。

7.2.2　指针变量的相关运算

　　尽管指针变量的值是某元素的存储地址，但本质上该地址值仍为无符号整型数值，所以对于指针变量也可以进行赋值、加减和比较等运算。指针变量进行加减和比较等运算时，使用方法与普通变量相同，但操作的结果和意义均与存储地址相关。

1. 指针变量的赋值

　　只有使用变量的存储地址对指针变量赋值才能对指针变量及其所指向的变量进行正常访问。若强行为指针变量赋予一个非法地址值，虽然可以通过编译器检查，但实际执行时可能会出现代码崩溃或访问异常等问题。下述代码段给出了一些错误示例。

```
1   #include <stdio.h>
2   int main()
3   {
4     int *plevel = 0xfffffff7, *pgrade = 15;//潜在问题
5     double *pscore = 85.62;//编译错误
6     char *msg = "input error";//潜在问题
7     int *pa = {1, 2, 3};//编译错误
8     return 0;
9   }
```

2. 指针变量的比较

　　指针变量可以进行相等、大小等比较关系运算。与普通变量相同，指针变量进行关系运算是基于值的比较，即对指针变量所保存的存储地址进行比较。例如，表达式 plevel == pgrade 就是比较二者是否指向同一内存地址，而*plevel == *pgrade 才是比较二者所指向的存储地址中的数据是否相同。

3. 指针变量的增减运算

指针变量常用的增减运算是自增和自减，使用时需要注意区分对指针变量的增减和对指针变量指向目标对象的增减。对指针变量进行增减的操作对象是指针指向的内存地址，增减的大小与指针变量的数据类型紧密相关，指针变量的值增加 1 是指在其所指向的内存地址上增加 1 个指针数据类型所占用的字节数，指针变量的值减少 1 是指在其所指向的内存地址上减少 1 个指针数据类型所占用的字节数。

指针是指向具体元素的，保存的内容是元素的存储地址，指针增减的幅度为对应的数据类型的大小。数组名与数组中第一个元素的存储地址相同，数组元素在内存中又是连续存储的。因此，只要通过一级指针与数组元素的存储地址关联，就可以实现指针对数组元素的间接处理。

程序清单 7-4 给出了通过对指针变量进行增减来访问数组元素的示例代码。

程序清单 7-4　　　　　ex0704_pointer_increase.c

```
1   #include <stdio.h>
2   int main()
3   {
4     int data[4] = {72, 36, 81, 15};
5     int *pdata = data, len = sizeof(data) / sizeof(int);
6     while(pdata <= data + len - 1)
7     {
8       printf("%d ", *pdata);
9       pdata++;
10    }
11    printf("\n");
12    return 0;
13  }
```

程序清单 7-4 中，第 5 行使用表达式 len = sizeof(data) / sizeof(int)获得 int 型数组 data 中元素的个数。在第 6～10 行使用指针变量对数组元素进行遍历时，while 循环使用表达式 pdata <= data + len - 1 作为循环判断条件，含义是 padta 所指向的地址值不大于 data 对应的地址值加上(len-1)个 int 型数据所占字节数（该值为 data 数组中最后一个元素的地址）。在某次运行中，pdata 的值为 0x0073fa08，表达式 pdata <= data + len - 1 等价于 pdata <= 0x0073fa08+ 12，即 pdata <= 0x0073fa14。第 9 行代码通过 pdata++使得指针变量的值增加 1 个 int 型数据所占用字节数，从当前数组元素的存储地址移动到下一个数组元素的存储地址，处理过程如图 7-6 所示。

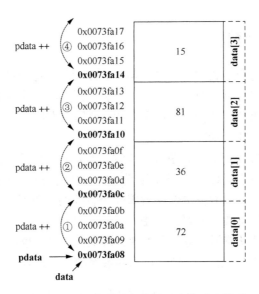

图 7-6　指针变量增减与数组元素的对应关系

使用指针变量处理数组元素时，同样需要注意下标越界问题。程序清单 7-5 给出了对指针变量进行增减时下标越界导致栈错误的示例代码。

程序清单 7-5　　　　　ex0705_pointer_out_bound.c

```
1  int m, n, len, *pdata, data[4] = {72, 36, 81, 15};
2  pdata = data;   len = sizeof(data) / sizeof(int);
3  scanf("%d%d", &m, &n);
4  *(pdata + 2 * len + 1)  *= 2;
5  printf("%d %d %d\n", m, n, len);
```

7.2.3　指针与字符串

C 语言中没有特定的字符串类型，通常使用一维字符数组保存字符串。字符数组可以处理字符串，自然也可以使用字符型指针变量处理字符数组和字符串，只是需要注意字符串的结束标记为'\0'。程序清单 7-6 给出了使用字符型指针变量的示例代码。

程序清单 7-6　　　　　ex0706_pointer_string.c

```
1  int i = 0;
2  char msg[] = "hello, world!", *pmsg = msg, *pmsg_end;
3  while (pmsg[i] != '\0')   i++;
4  pmsg_end = msg + i;
5  while (pmsg < pmsg_end)
6  {  printf("%c", *pmsg);  pmsg++;  }
```

7.2.4 指针作函数参数

当一个数组名作为表达式的一部分参与运算或者作为函数的形参时，编译器总是将该数组名转换为指向该数组中第一个元素的指针。因此，指针变量作为函数参数也可以达到与数组名作为函数参数同样的目的和效果，使用一维数组名作为函数参数之处都可以替换为相应类型的指针变量。

当使用数组名或指针变量作为函数参数时，因为上述转换关系的存在，所以无法通过一个指针确定与其关联的数组中到底有多少个元素。因此，可以通过为函数增加一个指示元素个数的额外参数或者在数组中设置一个特殊的结束标志（如字符数组中的'\0'）等方式进行约束，以标明数组元素的范围。

在函数内部，既可以使用下标引用方式处理数组元素，也可以使用间接引用方式处理数组元素。程序清单 7-7 给出了指针作为函数参数的示例代码。

程序清单 7-7　　　　　ex0707_pointer_parameter.c

```c
1   #include <stdio.h>
2   int get_max(int *pdata, int len)
3   {
4     int i, max;
5     for (i = 0, max = *pdata; i < len; i++)
6       if (max < pdata[i])
7         max = pdata[i];
8     return max;
9   }
10  void plus_two(char *pstr)
11  {
12    while(*pstr != '\0')
13    { *pstr += 2; pstr++; }
14  }
15  int main()
16  {
17    int data[] = {72, 36, 81, 15, 23, 99, 47};
18    char msg[] = "hello, world!";
19    char *pmsg = msg;
20    int max = get_max(data,7);
21    printf("max = %d\n", max);
22    plus_two(pmsg);
23    printf("%s\n", pmsg);
24    return 0;
25  }
```

使用指针变量作为函数参数,不仅可以借助内存地址通过间接引用方式对实参产生持久影响,而且在参数传递时需要复制的数据量仅为指针变量所占用字节数,可以大大提高参数传递的效率。从某种程度上来说,使用指针作为函数参数的主要目的就是提高参数传递的效率。多数情况下使用指针进行参数传递,只有待传递的数据量较小且无须对之进行改变的情况下才直接传递数据。

7.2.5　指针作函数返回值

　　函数的返回值可以是空类型(void),可以是 int、char、double 等基本数据类型,也可以是用户自定义的数据类型,还可以是一个地址(指针)。当函数返回值是一个地址时,接收该地址值的左值变量必须是与其类型相符的指针变量。

　　1.　函数返回值为指向实参数据的指针

　　当进行数据检索或对字符串进行子串匹配等操作时,函数需要检索数据在数据源中的位置,并将对应存储地址返回给调用函数。

　　程序清单 7-8 给出了返回数据在数据源中存储地址的示例代码。

　　程序清单 7-8　　　　　　　ex0708_find_substring.c

```
1   char *find_substr(char *src, char *sub)
2   {
3     char *tmpsrc = src, *bp, *sp;
4     int len_src, len_sub;
5     if(NULL == src || NULL==sub)
6       return src;
7     len_src = strlen(src);  len_sub = strlen(sub);
8     //源串剩余长度不小于子串长度
9     while(((src + len_src) - tmpsrc >= len_sub) && *tmpsrc)
10    {
11      bp = tmpsrc;//从源串当前位置向后匹配
12      sp = sub;//从子串头开始与源串匹配
13      do{
14        if(!*sp)
15          return tmpsrc;//子串遍历完毕, 匹配成功
16      }while(*bp++ == *sp++);
17      tmpsrc += 1;//匹配不成功
18    }
19    return NULL;
20  }
```

　　程序清单 7-8 中,find_substr( )函数的功能是返回子串 sub 在源串 src 中的起始地址。find_substr( )函数的第一个参数 char *src 为源串,第二个参数 char *sub 为待匹配的子串。

程序清单 7-8 中给出的字符串匹配算法是略做改进的暴力匹配算法，未能有效利用子串中重复的模式信息，匹配效率较低，只适用于数据量小的简单应用。KMP（Knuth-Morris-Pratt）算法是一种基于子串模式特征改进的高效字符串匹配算法，但该算法有一定难度，感兴趣的读者可以尝试。

2. 函数返回值为指向函数内局部变量的指针

初学者在编写代码时，容易犯的一个错误就是将指向函数中局部变量的指针作为函数的返回值，这一问题涉及不同类型数据的内存分布及函数调用过程中的栈帧处理。发生函数调用时，系统会为函数内的局部变量在其栈帧中分配存储空间，当函数调用结束后，该栈帧处于失效状态，相关局部变量自然也无法正常引用。程序清单 7-9 给出了函数内局部变量指针作为函数返回值的示例代码。

程序清单 7-9   ex0709_pointer_parameter_wrong.c

```c
1  #include <stdio.h>
2  int get_max(int x, int y){ return x > y ? x : y; }
3  int *get_maxp(int *data, int len)
4  {
5    int i, max = data[0], *pmax = &max;
6    for(i = 0;i < len;i++)
7      if(max < data[i])
8        max = data[i];
9    return pmax;
10 }
11 int main()
12 {
13   int grade[] = {85,77,136}, level[] = {3,12,1};
14   int *pmax1, *pmax2, max, m, n;
15   pmax1 = get_maxp(grade, 3);
16   printf("*pmax1=%d\n", *pmax1);
17   pmax2 = get_maxp(level, 3);
18   printf("*pmax1=%d *pmax2=%d\n", *pmax1, *pmax2);
19   scanf("%d%d", &m, &n);
20   max = get_max(m, n);
21   printf("*pmax1=%d *pmax2=%d\n", *pmax1, *pmax2);
22   printf(" max = %d\n", max);
23   return 0;
24 }
```

执行第 15 行代码时，需要为 get_maxp( )函数开辟相应的栈帧，流程控制会转入 get_maxp( )函数。在 get_maxp( )函数内部，将指向局部变量 max 的局部指针变量 pmax 返回给调用函数。函数调用结束后，get_maxp( )函数栈帧失效，main( )函数中的指针变量 pmax1 得到 get_maxp( )函数返回的指向函数内局部变量的指针值。此时，尚未发生新的函数调用，失效栈帧内的数据并未被破坏，所以第 16 行仍可以输出正确结果。

执行第 17 行代码时，处理流程与执行第 15 行代码完全一致，main( )函数中指针变量 pmax2 得到 get_maxp( )函数返回的指向函数内局部变量的指针值。同理，pmax2 可以输出正确结果。但第二次调用 get_maxp( )函数后，pmax1 所引用的局部变量的存储地址因被新的栈帧覆盖而失效，无法输出正确结果。

执行第 20 行代码时，为 get_max( )函数开辟新的栈帧，pmax1 和 pmax2 所引用的原栈帧的存储地址全部失效。因此，第 21 和 22 行输出结果中，只有 max 能获得正确输出结果。因为 get_max( )函数的返回值为非指针类型，函数调用结束后会将返回值复制到 main( )函数的局部变量 max 中，所以即使有后续函数调用发生，max 也不会被影响。

3. 函数返回值为函数内动态内存分配获得的指针

编写程序处理数据时，通常很难确定需要处理的具体数据量，使用最大预估方式可能造成存储空间浪费，使用最小预估方式又可能导致数据不能被全部处理。为了更有效地利用系统存储资源，可以在运行时按需进行动态内存分配，当业务处理完毕后及时释放。动态内存分配在堆空间中进行，由程序设计者编程手动分配和释放，申请和释放必须配对使用。在堆中进行存储空间分配时，所分配的存储空间都是匿名存在的，只能通过指针进行访问。

在头文件 stdlib.h 中有两个与动态内存分配和回收相关的函数：malloc( )函数和 free( )函数。其中，malloc( )函数实现动态内存分配，free( )函数用于释放动态分配的内存。

（1）动态内存分配函数 malloc( )

malloc( )函数的功能是在堆中分配一个指定字节数的连续内存块，并返回一个指向块起始位置存储地址的 void 类型指针。malloc( )函数的声明如下：

```
void* malloc(size_t size);
```

其中，size 为待申请分配的字节数。

malloc( )函数在堆中分配的内存块没有被初始化，其初始值不确定，通常使用 string.h 头文件中的 memset( )函数完成设置初值的任务。memset( )函数的声明如下：

```
void * memset(void *ptr, int value, size_t num);
```

其中，ptr 是指向待设置初始值的内存块首地址的指针，通常是使用 malloc( )函数申请堆空间时返回的指针；value 为待设置的初值，通常为 0；num 为待设置初值的字节数，通常与 malloc( )函数中指定的大小相同。

因为 malloc( )函数返回的指针为 void*类型，所以接收该指针时必须进行强制类型转换，将之转换为对应类型的指针才能正常使用。

（2）动态内存释放函数 free( )

free( )函数的功能是释放由 malloc( )等函数申请的动态存储空间，以便及时归还所占用的存储资源。free( )函数的声明如下：

```
void free(void* ptr);
```

free( )函数必须与 malloc( )等函数配对使用，释放由指针变量 ptr 所指向的在堆空间中申请的内存块。使用 malloc( )函数和 free( )函数时，不能出现"多次申请一次释放"或"一次申请多次释放"的情况。"多次申请一次释放"会导致内存泄漏，"一次申请多次释放"会导致释放异常。程序清单 7-10 给出了动态内存分配和释放的代码框架。

程序清单 7-10   ex0710_dynamic_memory.c

```
1   #include <stdio.h>
2   #include <stdlib.h>
3   #include <string.h>
4   int main(void)
5   {
6     char msg[] = "I love C programming";
7     char *pmsg = NULL;
8     pmsg = (char *)malloc(30);//申请 30 字节存储空间
9     if (pmsg == NULL)//申请失败
10    {
11      printf("申请内存空间失败\n");
12      return -1;
13    }
14    memset(pmsg, '\0', 30);//设置内存块初始值
15    strcpy(pmsg, msg);
16    printf("%s\n%s\n", msg, pmsg);
17    if(pmsg != NULL)//与 malloc()函数配对，释放空间
18      free(pmsg);
19    return 0;
20  }
```

图 7-7 给出了执行第 8 行代码后的一个调试示例。从图 7-7 中指针变量 pmsg 的存储地址及其值可以看出，堆中分配的内存块处于未初始化的不确定状态（十六进制值为 cdcd，汉字显示为"屯"）。

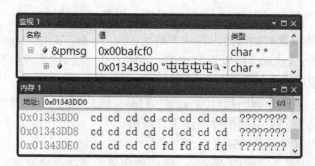

图 7-7　动态内存分配的一个调试示例

7.3 二维数组和指针

二维数组在逻辑形式上是由行和列构成的二维网格,可以看作数组元素是一维数组的一维数组。由于计算机的存储器采用一维线性连续编址,因此 C 语言的高维数组在内存中采用行优先的一维存储方式。二维数组名与一维数组名都是数组对应存储空间的起始存储地址,因此二维数组必然也和指针密不可分。

7.3.1 二维数组与指针间的对应关系

二维数组在内存中采用行优先的一维线性存储方式。例如,二维数组 int data[3][4] = {{10, 11, 12, 13}, {14, 15, 16, 17}, {18, 19, 20, 21}}在内存中占据一块连续的存储空间,在该空间内先存放 data[0]行,然后存放 data[1]行,最后存放 data[2]行。对于其中某一行而言,其又是一个一维数组,各列元素间依次存放,如 data[0]行先存放 data[0][0]列,然后存放 data[0][1]列、data[0][2]列,最后存放 data[0][3]列。假设二维数组 data 的首地址为 0x00a0faa4,各个元素的存储分布如图 7-8 所示。

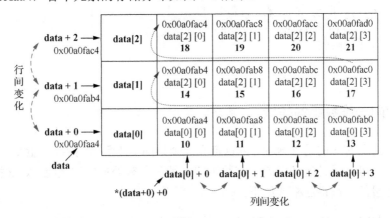

图 7-8　二维数组的存储分布

接下来分析指针和二维数组之间的关系。data 是二维数组的首地址(0x00a0faa4),对该地址的理解是厘清指针与二维数组之间关系的关键。

1)二维数组是元素为一维数组的一维数组,一维数组名是指向数组首元素的指针,二维数组名对应的也是指向数组首元素的指针,每个数组元素均由一维数组构成,因此二维数组名 data 对应的是行地址。data 可以等价表示为 data + 0,data + 0 表示二维数组 data 的第 0 行元素的地址,data + 1 则表示二维数组 data 的第 1 行元素的地址,同理 data + 2 则表示二维数组 data 的第 2 行元素的地址。也就是说,未做特殊处理前,数组名 data

向前的移动都是以行为单位进行的，每向前移动一个单位就是跨过一行，对应一个具有四个元素的 int 型数组所占用的存储空间，如图 7-8 中的行间变化箭头所示。

2）对二维数组名 data 进行间接引用对应的是元素的存储地址。*data 可等价表示为 *(data + 0)，对应的下标引用方式为 data[0]，代表二维数组 data 的第 0 行第 0 列元素 data[0][0] 的存储地址。简而言之，对 data + i 进行一次间接引用*(data + i)之后，就由二维数组中第 i 行的首地址转化为第 i 行首列元素的存储地址，如图 7-8 中的列间变化箭头所示。

更进一步，*(data + i) + 0 表示二维数组 data 中第 i 行第 0 列元素的存储地址。因此，取二维数组 data 中第 i 行第 j 列数组元素的地址可以表示为*(data + i) + j；取对应数组元素 data[i][j] 之值则需要再进行一次间接引用，即*(*(data + i) + j)。

同理，访问三维数组元素可以使用三次间接引用*(*(*(data + i) + j) + k)来实现。依此类推，可将这种通过指针间接引用来访问数组元素的方式推广到更高维数组。

程序清单 7-11 给出了使用指针访问二维数组元素的示例代码。

程序清单 7-11　　　　ex0711_pointer_2d_array.c

```
1 int i, j, data[2][4] = {{10,11,12,13},{14,15,16,17}};
2 for(i = 0; i < 2; i++)
3 {
4   for(j = 0; j < 4; j++)
5     printf("%d ", *(*(data + i) + j));
6   printf("\n");
7 }
```

7.3.2　指向一维数组的指针

二维数组名对应的是行地址，可以定义一个指向一"行"的指针变量来与之相对应。在 C 语言中，可以通过定义指向一维数组的指针变量来处理二维数组。定义指向一维数组的指针变量的一般语法格式如下：

data_type (*pointer_name)[const_expr] = 2d_array_name;

其中，data_type 为指针变量的数据类型，需要与二维数组的数据类型相同；pointer_name 为指针变量的名字，因为"[]"的优先级高于"*"的优先级，所以使用"( )"将"*"和 pointer_name 括起来；const_expr 是常量表达式，与二维数组的第二维大小相同；2d_array_name 是用于初始化指针变量的二维数组。

将指向一维数组的指针与二维数组相关联后，对该指针变量进行加减法运算时，相当于在二维数组的各行间进行移动。对指向一维数组的指针变量进行间接引用就可以获得指向列元素的存储地址。例如，执行语句序列 int data[2][4] = {{10, 11, 12, 13},{14, 15, 16, 17}}和 int (*pdata)[4] = data 之后，使用间接引用表达式*(pdata+1)+2 可获得 data[1][2]

的存储地址，再使用一次间接引用*(*(pdata+1)+2)就可以获得 data[1][2]的值 16。

程序清单 7-12 给出了使用指向一维数组的指针变量访问二维数组元素的示例代码。

程序清单 7-12   ex0712_pointer_1d_array.c

```
1  int data[2][4] = {{10,11,12,13},{14,15,16,17}};
2  int i, j, (*pdata)[4] = data;
3  for(i = 0; i < 2; i++)
4  {
5    for(j = 0; j < 4; j++)
6      printf("%d ", *(*(pdata + i) + j));
7    printf("\n");
8  }
```

7.3.3 指针数组

若一个数组中的所有元素都是指向同一数据类型的指针变量，则称该数组为指针数组。定义指针数组的一般语法格式如下：

    data_type *array_name[const_expr];

其中，data_type 为指针数组的数据类型；array_name 为指针数组名，因为"[]"的优先级高于"*"，所以 array_name 先与"[]"结合构成数组，再与"*"结合构成指针数组；const_expr 为常量表达式，用于指定指针数组的大小。

指针数组中，每个数组元素都是一个指针变量。可以将指针数组中的数组元素指向某个一维数组，通过间接引用就可以实现访问一维数组中的各个元素。若将指针数组与二维数组相关联，让各个数组元素指向二维数组中的一行，就可以通过指针数组配合间接引用实现对二维数组的处理。程序清单 7-13 给出了使用指针数组的示例代码。

程序清单 7-13   ex0713_pointer_array.c

```
1  int data[2][4] = {{10,11,12,13},{14,15,16,17}};
2  int i, j, *pdata[2] = {data[0], data[1]};
3  for(i = 0; i < 2; i++)
4  {
5    for(j = 0; j < 4; j++)
6      printf("%d ", *(*(pdata + i) + j));
7    printf("\n");
8  }
```

二维数组名 data 表示数组中第 0 行元素的存储地址，其值与 data 数组中第 0 行第 0 列的数组元素 data[0][0]的地址相同。因此，基于 C 语言多维数组的一维存储方式，可以强制使用指针变量对二维数组进行访问，但必须保证对数组元素访问时不超过合法的地址范围。程序清单 7-14 给出了使用指针变量访问二维数组元素的示例代码。

程序清单 7-14   ex0714_1dpointer_2darray.c

```
1  int data[2][4]={{10,11,12,13},{14,15,16,17}};
2  int i, j, *pdata = data;
3  for(i = 0; i < 2; i++)
4  {
5    for(j = 0; j < 4; j++)
6      printf("%d ", *(pdata + i * 4 + j));
7    printf("\n");
8  }
```

指针数组中，每个数组元素都是指向一个一维数组首元素存储地址的指针变量。使用指针数组的一个重要优势就在于每个数组元素所指向的一维数组的长度可以不同。程序清单 7-15 给出了使用指针数组访问多个长度不同的一维数组的示例代码。

程序清单 7-15   ex0715_pointer_array2.c

```
1  int score1[] = {87, 68, 89, 60, 61, -1};
2  int score2[] = {94, 65, 76, -1};
3  int i, j, *pscore[2] = {score1, score2};
4  for(i = 0; i < sizeof(pscore) / sizeof(int *); i++)
5  {
6    for(j = 0; *(*(pscore + i) + j) != -1; j++)
7      printf("%d ", *(*(pscore + i) + j));
8    printf("\n");
9  }
```

程序清单 7-15 中，第 1 和 2 行定义了两个长度不同的一维数组，用于表示某门选修课的部分成绩信息，其中-1 为成绩结束标志；第 3 行代码定义了一个有两个元素的 int 型指针数组，用一维数组名 score1 和 score2 对之进行了初始化。

在二重循环中，外层循环使用表达式 sizeof(pscore) / sizeof(int *)确定指针数组的大小。因为指针数组各元素指向的一维数组长度不同，内层循环无法固定循环次数，所以通过在 score1 和 score2 数组中设置结束标志元素-1 的方式来确定一维数组的结尾。

7.3.4 二级指针

指针变量的值是某个变量的存储地址，既可以是基本数据类型变量的存储地址，也可以是某个指针变量的存储地址。若某个指针变量的值是另外一个指针变量的存储地址，则称该指针变量为二级指针或指向指针的指针。例如，语句序列"int level = 3; int *plevel = &level; int **pplevel = &plevel;"定义了一个 int 型变量 level、一个指向 level 的一级指针 plevel、一个指向 plevel 的二级指针 pplevel，三者之间的关系如图 7-9 所示。

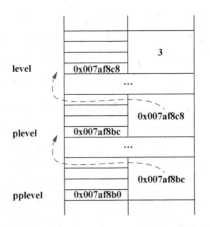

图 7-9 level、plevel、pplevel 之间的关系

实际编程中最常用的是一级指针和二级指针。二级指针通常作为函数的参数使用，广泛应用于 MFC 编程、图形图像编程和网络编程等领域。程序清单 7-16 给出了使用 char 型二级指针输出程序应用命令行参数的示例代码。

程序清单 7-16　　　　　ex0716_command_line.c
```
1  char *args[]={"point.exe","-i data.i"},**pstr = args;
2  int i, len = sizeof(args) / sizeof(char*);
3  for(i = 0; i < len; i++)
4    printf("%s\n", *pstr++);
```

程序清单 7-17 给出了使用二级指针对程序清单 7-15 进行改写的示例代码。

程序清单 7-17　　　　　ex0717_ex0715_2.c
```
1  int score1[] = {87, 68, 89, 60, 61, -1};
2  int i, j, score2[] = {94, 65, 76, -1};
3  int *pscore[2]={score1, score2}, **ppscore = pscore;
4  for(i = 0; i < sizeof(pscore) / sizeof(int *); i++)
5  {
6    for(j = 0; *(*(ppscore + i) + j) != -1; j++)
7      printf("%d ", *(*(ppscore + i) + j));
8    printf("\n");
9  }
```

7.3.5　指向一维数组的指针和二级指针作函数参数

在 C 语言中，数组名作为函数的参数时，编译器始终将之作为指向数组中第一个元素存储地址的指针来处理。使用一个指针变量处理数组元素时，无法确定究竟有多少个数组元素。因此，数组作函数参数时，必须提供额外的附加信息用以表示数组的范围。

例如，当字符串作函数参数时，'\0'就作为其结束标记；当 int 型数组作函数参数时，就需要额外提供一个与数组元素定义域明显不同的结束标记，或为函数增加一个额外的参数表示数组元素的个数，这些操作在前述章节的示例代码中都已经明确体现出来了。

在 C 语言中，当数组和指针作为函数参数时，默认匹配规则如表 7-1 所示。

表 7-1　数组和指针作为函数参数时的默认匹配规则

实参		形参	
二维数组	char data[8][10]	char (*pdata)[10]	指向数组的指针
指针数组	char *data[8]	char **ppdata	二级指针
指向数组的指针	char (*pdata)[10]	char (*pdata)[10]	不变
二级指针	char **ppdata	char **ppdata	不变

1. 指向一维数组的指针作函数的参数

当需要使用函数处理二维数组中的各项数据时，可将函数的形参定义为指向一维数组的指针变量。程序清单 7-18 给出了使用指向一维数组的指针作函数参数的示例代码。

程序清单 7-18　　　　ex0718_getmax_2darray.c

```
1  int get_max_element(int (*pdata)[4], int rows)
2  {
3   int i, j, max = pdata[0][0];
4   for (i = 0; i < rows; i++)
5    for(j = 0; j < 4; j++)
6     if(*(*(pdata + i) + j) > max)
7      max = pdata[i][j];
8   return max;
9  }
```

程序清单 7-18 中，向 get_max_element( )函数传递二维数组时，需要向函数提供行数和列数或标志量等能够确定二维数组元素数目的相关信息。因此，get_max_element( )函数列出了两个形参，第一个形参 int (*pdata)[4]表明实参是每个数据行有四个元素的二维数组，第二个参数 int rows 限定了二维数组的行数。在 get_max_element( )函数内部，对二维数组的引用可以使用下标引用方式，或者使用间接引用方式。为了使读者能够熟悉两种使用方式，代码中进行了混用。

2. 二级指针作函数参数

当需要使用函数处理指针数组或者字符串集合中的各项数据时，可以将函数的形参定义为二级指针变量。程序清单 7-19 给出了使用二级指针作函数参数来获得由文件名构成的字符串集合中各文件扩展名的示例代码。

程序清单 7-19   ex0719_get_extension.c

```
1   #include <stdio.h>
2   #include <string.h>
3   void get_ext(char **ppstr, char (*ext)[5], int rows)
4   {
5     char *temp;
6     int i, j, k;
7     for (i = 0; i < rows; i++)
8     {
9       temp = ppstr[i];  j = 0;
10      while(temp[j] != '\0' && temp[j] != '.')
11        j++;
12      k = 0;
13      while(temp[j] != '\0')
14      { ext[i][k] = temp[j];  j++;  k++;  }
15    }
16  }
17  int main()
18  {
19    char *arguments[]={"point.exe","data.txt"}, files[2][5];
20    int i, len = sizeof(arguments) / sizeof(char*);
21    memset(files, 0, sizeof(files));
22    get_ext(arguments, files, len);
23    for(i = 0; i < len; i++)
24      printf("%s\n", files[i]);
25    return 0;
26  }
```

7.4 函 数 指 针

在 C 语言内存布局中，文本段（.text）用于存储源代码编译后的可执行机器代码，运行时该区域内数据只读。一个函数总是在文本段占据一段连续的存储区域。经过编译后，每个函数都有一个起始的存储地址，也称为函数的入口地址。若将指针变量指向某个函数的入口地址，则称该指针变量为指向函数的指针。通过指向函数的指针可以调用其所指向的函数，也可以将指向函数的指针作为某个函数的参数。定义指向函数的指针变量的一般语法格式如下：

```
return_type (*pointer_name)(params list) = function_name;
```

其中，return_type 为函数 function_name 的返回值类型；pointer_name 为指向函数的指针

変量名，因为"()"的优先级高于"*"，所以必须用括号将"*"和指针变量名括起来；params list 是与函数 function_name 匹配的参数列表；function_name 是与该指针变量相关联的函数名，可以在初始化时设置，也可以在使用时根据需要设置。

指向函数的指针确定了其所能关联的函数的原型信息，包括返回值数据类型及参数相关的信息，其只能与声明信息相符的函数进行关联。

当定义好指向函数的指针变量后，该指针变量就和与之匹配（匹配是指函数的返回值数据类型、参数类型、参数个数等内容均与定义函数指针时的设定一致）的一族函数建立了关联，该指针变量可以指向匹配函数族中的任一函数。指向函数的指针变量只有与匹配的函数进行关联后，才能调用其关联的函数或作为另外一个函数的参数。

7.4.1 通过指向函数的指针调用函数

使用指向函数的指针调用关联函数与使用原函数的用法相似，只需要把函数名替换为指针变量名即可。程序清单 7-20 给出了通过指向函数的指针调用函数的示例代码。

程序清单 7-20 　　　　　ex0720_pointer_func.c

```
1  #include <stdio.h>
2  int get_max(int x, int y){ return x > y ? x : y; }
3  int main()
4  {
5   int m, n, max, (*pfun)(int,int) = get_max;
6   scanf("%d%d", &m, &n);  max = pfun(m, n);
7   printf("max = %d\n", max);
8   return 0;
9  }
```

也可以定义指向函数的指针数组来关联多个功能相似的函数，其一般语法格式如下：

```
return_type (*pointer[const_expr])(params) = {functions list};
```

其中，"[]"代表数组，functions list 为初始化该指针数组的函数名列表。

可以在定义时对指向函数的指针数组进行初始化，也可以在使用时分别对各数组元素进行设置。

例 7-1 使用指向函数的指针数组求两个整数进行加减乘除的结果。

程序清单 7-21 给出了使用指向函数的指针数组的示例代码。

程序清单 7-21 　　　　　ex0721_pointer_array_funcs.c

```
1  #include <stdio.h>
2  double add(double x, double y){ return x + y; }
3  double sub(double x, double y){ return x - y; }
4  double mul(double x, double y){ return x * y; }
```

```
5  double div(double x, double y){ return y!=0 ? x/y : 0; }
6  int main()
7  {
8    double m,n,(*p_ops[])(double, double)={add,sub,mul,div};
9    int i, len = sizeof(p_ops) / sizeof(p_ops[0]);
10   scanf("%lf%lf", &m, &n);
11   for (i = 0; i < len; i++)
12     printf("%.2lf\n", p_ops[i](m, n));
13   return 0;
14 }
```

7.4.2　回调函数

回调函数并无确切定义，其本质上就是一个通过函数指针被调用的函数。若将指向某个函数 funcA 的指针 pfuncA 作为参数传递给另一个函数 funcB，在函数 funcB 中通过 pfuncA 调用其所指向的函数 funcA 的动作称为回调。在编程过程中，回调函数的应用非常广泛。设计者按照使用接口设计好回调函数，将其通过指向函数的指针作为参数传递给调用方，在特定的事件发生时进行回调。回调函数可以隔离调用者和被调用者，调用者只需要知道针对特定事件有相关的解决方案（回调函数），而不必关心具体执行情况。

例 7-2　使用指向函数的指针和回调函数实现数组元素填充。

对数组进行元素填充可以采用随机填充和固定序列填充两种方式。本例中，在填充数组元素时，通过函数指针每次使用回调函数可以获得一个填充数值。程序清单 7-22 给出了使用指向函数的指针和回调函数实现数组元素填充的示例代码。

程序清单 7-22　　　　　ex0722_callback_func.c

```
1  #include <stdio.h>
2  #include <time.h>
3  #include <stdlib.h>
4  void fill_data(int *data, int len, int (*get_next)())
5  {
6    int i;
7    for (i = 0; i < len; i++)  data[i] = get_next();
8  }
9  int get_next_number()//生成从 101 开始的等差序列
10 { static int num = 100;   num++;  return num;  }
11 int get_next_random()//获取 1~100 的随机数
12 { return rand() % 100 + 1;  }
13 int main()
14 {
15   int i, data1[10], data2[10];
16   srand(time(0));
```

```
17   fill_data(data1, 10, get_next_random);
18   fill_data(data2, 10, get_next_number);
19   for(i = 0; i < 10; i++)
20     printf("(%d, %d) ", data1[i], data2[i]);
21   return 0;
22 }
```

程序设计练习

1．对于 int 型数组 data，根据给定要求和声明信息编写函数并进行测试：

（1）函数声明为 double get_mean(int *data, int len, double *var)；

（2）函数的功能是计算给定数组 data 的平均值和方差，将平均值作为函数的返回值，方差存于 var 中；

（3）在 main( )函数中验证 get_mean( )函数的功能。

2．编写自定义字符串比较函数 str_compare(char *str1, char *str2)，实现与标准函数 strcmp( )相同的功能，并对之进行测试。

3．利用数组和指针编写三个函数，分别完成以下功能：

（1）void gen_number(int *data, int n)，随机产生 n 个（n < 10）0～9 的数；

（2）int get_num(int *data, int n)，将刚刚保存到数组的 n 个数字按生成顺序构成一个 n 位数 m（首部为 0 则忽略）；

（3）int get_reverse(int m)，将 m 逆序后返回；

（4）在 main( )函数中测试并验证三个函数的功能。

4．编写函数 void array_shift(int *data, int total, int shift)，将指针 data 所指向的具有 total 个元素的 int 型数组循环右移 shift 位。

5．约瑟夫环问题：将 m 只猴子从 1 开始编号后围成一圈，从第 1 只猴子开始按编号顺序报数，1，2，3，…，k，编号为 k + 1 的猴子重新开始从 1 报数，依此类推。凡是报数为 k 的猴子都被淘汰，直到圈内只剩下最后一只猴子为止。编写函数 int get_lucky_monkey(int *data, int m, int k)，解决约瑟夫环问题，其中 data 指向具有 m 个元素的数组，k 为计数值，返回值为最后一只猴子的序号。

6．编写函数 void get_substr(char *source, int start, int len, char *dest, int max)，将 soure 串中从 start 位置开始的 len 个字符复制到 dest 串（最大长度为 max）中。

7．编写函数，使用指针将 m 行 n 列的矩阵进行转置，其中 m 和 n 均不超过 10。

8．编写函数，将 5 阶方阵中的最大值交换到中心位置，将最小的 4 个值分别置换到左上、右上、左下和右下位置。

9．将数字序列逆序后输出。

10．统计一个英文段落中各个小写英文字母的出现频率。

11. 根据输入的序号输出完整的月份信息（用指针数组实现）。

12. 根据输入的缩写输出完整的月份信息（用指针数组实现）。

13. 根据输入的月份和日期输出对应的节气信息（用指针数组实现）。

14. 编写函数，将若干个十六进制数字串（串长小于 8）转换为十进制数字。

15. 编写函数，计算二维空间中最邻近的点对。

第 8 章　编译预处理

编译预处理是在编译和链接前对源代码进行的文本加工和处理，包括文本替换和文件包含等操作。编译预处理工作由编译器中的预处理程序按源代码中的预处理命令顺序处理。预处理程序的输入是源代码文件，对其中以符号"#"开头的预处理命令进行处理后，将预处理结果输出给编译器进行后续编译处理。

预处理命令均以符号"#"开头，末尾不加分号。预处理命令可以出现在程序中的任何位置，作用域是从出现位置到所在源代码文件的末尾。预处理命令主要包括宏定义命令"#define"、文件包含命令"#include"和条件编译命令"#if"三大类。

 8.1　宏　定　义

"#define"是宏定义命令，是 C 语言中常用的编译预处理命令之一。宏定义允许用一个标识符表示一个字符串，标识符称为"宏名"，字符串称为"宏内容"。编译预处理时，会对源代码中出现的所有宏名用定义宏时的字符串进行替换，这一过程称为宏替换或宏展开。定义宏时，可以带参数，也可以不带参数。

8.1.1　无参数宏定义

无参数宏定义最常用的功能就是定义符号常量，其一般语法格式如下：

```
#define macro_name string
```

其中，macro_name 是宏名，string 是由宏名表示的字符串（没有对应的数据类型）。

若省略宏名，则表示定义一个符号常量（空宏）。定义符号常量时，符号常量名通常大写，行末不加分号。对源代码进行宏展开时，只是简单地将宏名用字符串进行替换，不做任何检查工作，因此定义宏时务必要仔细检查。例如，下述代码段中定义了名为 PI 的宏，用来近似圆周率。

```
1   #include <stdio.h>
2   #define PI 3.14
3   int main()
```

```
4  {
5    double radius, area;
6    scanf("%lf", &radius);
7    area = PI * radius * radius;
8    printf("圆的面积为%.2lf\n", area);
9    return 0;
10 }
```

经过编译预处理对宏进行展开后，将宏 PI 使用字符串 "3.14" 进行替换，展开后对应的代码段如下。

```
1  ...
2  int main()
3  {
4    double radius, area;
5    scanf("%lf", &radius);
6    area = 3.14 * radius * radius;
7    printf("圆的面积为%.2lf\n", area);
8    return 0;
9  }
```

宏定义中的替换字符串若为包含运算符的表达式，则需要将表达式用 "( )" 括起来，否则会导致宏展开时产生逻辑错误。表达式中若有与变量相关的符号，该符号在使用宏之前必须已经定义，否则会导致编译时产生错误。例如，下述代码段中定义了名为 M 的宏用来表示 $n^2 + 2n + 1$，但未将表达式用括号括起来。

```
1  #include <stdio.h>
2  #define M n * n + 2 * n + 1
3  int main()
4  {
5    int n = 3;
6    long sum = M * M + 2 * M;
7    sum += n;
8    printf("sum = %.2lf\n", sum);
9    return 0;
10 }
```

编译预处理时，第 6 行的宏引用会被展开为 long sum = n * n + 2 * n + 1 * n * n + 2 * n + 1 + 2 * n * n + 2 * n + 1，实际对应的公式为 $4n^2 + 6n + 2$，而非预期的 $n^4 + 4n^3 + 8n^2 + 8n + 3$。若交换代码段中的第 5、6 两行，则会出现变量 n 未定义的编译错误。简而言之，使用 "#define" 命令定义符号常量时需要小心谨慎，以免造成难以检查的逻辑错误。

8.1.2 带参数宏定义

C 语言允许定义带参数的宏，在宏定义中出现的参数称为形参，使用宏时提供给宏的参数称为实参。虽然听起来与函数类似，但宏展开只是进行简单替换且无类型检查，与函数有本质上的区别。对带参数的宏进行展开时，会先使用实参替换形参，然后进行字符串替换。因此，设计和使用带参数的宏时需要格外小心。

定义带参数宏的一般语法格式如下：

```
#define macro_name(arguments list) string
```

其中，arguments list 为宏的参数列表，各参数间以逗号分隔，其他各项与无参数宏相同。

定义带参数宏时，宏名与括号间需要紧邻书写，不能有空格，否则会被作为无参数宏进行展开。除此之外，带参数宏的替换字符串部分若引用形式参数，应使用 "( )" 将形参分别括起来，否则可能导致逻辑错误。

例如，定义带参数的宏#define square(x) x * x，用来求解 x^2。宏引用 int n = square(m) 经过编译预处理后会被展开为 int n = m * m，当输入为 3 时会得到正确的输出结果。square 宏定义看似无问题，但实际使用时可能会存在许多问题，甚至产生逻辑错误。总体而言，其可能存在以下两种潜在的错误情况。

1）宏名与左括号间存在多余空格。若在宏名 square 与左括号 "(" 之间有一个空格，则宏定义语句变为#define square (x) x * x，宏引用 int n = square(m)会被展开为 int n = (x) x * x(m)，与预期完全不符。

2）宏中替换字符串和字符串中使用的形参未用括号括起来。若未将带参数宏中的替换字符串及字符串中的形参用括号括起来，当宏引用的实参为表达式时就会出现逻辑错误。例如，int n = square(m + 2)会被展开为 int n = m + 2 * m + 2，原表达式 $m^2 + 4m + 4$ 变为 3m + 2。

因此，正确的宏定义应为#define square(x) ((x) * (x))。

8.2 文件包含

在 C 语言中，扩展名为.h 的文件（如 stdio.h、string.h 等）称为头文件。头文件中包含一系列功能相关的符号常量定义和函数说明等内容。在编写代码过程中，当需要使用某些符号常量、标准函数或用户自定义函数时，需要先对这些符号和函数进行声明，之后才能正常使用。文件包含命令 "#include" 是常用的编译预处理命令之一，其主要功能是在编译预处理时用指定头文件的内容替换源代码中对应头文件包含命令，将头文件的相关声明和当前源代码文件合并成一个整体，保证源代码的正确编译。使用 "#include" 命令包含头文件时有 "<>" 和 """" 两种格式。

1. #include <system_header_file>

此格式用于包含 C 语言提供的标准函数对应的头文件，此类头文件一般存于 C 语言集成开发环境安装目录下的 include 子目录中。编译预处理时，预处理器遇到"#include"命令时就会到 include 子目录下搜索指定的头文件，若找到该头文件，就将之替换到当前源代码文件中；否则会提示找不到头文件。

2. #include "userdefined_header_file"

此格式用于包含用户自定义的头文件。编译预处理时，预处理器首先在当前源代码文件所在目录中进行搜索，若找不到对应头文件，再按标准方式进行搜索。

假定当前源代码所在文件夹下有源文件 consts.c（若使用集成开发环境，则需将 consts.c 添加到当前项目中）和头文件 consts.h。consts.c 文件中的内容如下述代码段所示。

```
double pi = 3.14; double e = 2.718; double g = 9.8;
```

consts.h 文件中的内容如下述代码段所示。

```
extern double pi; extern double e; extern double g;
```

源代码文件中，需要使用 const.c 中定义的外部变量 pi 来计算圆的面积。因此，在源代码文件中开头处添加"#include"头文件包含语句，如下述代码段所示。

```
1 #include <stdio.h>
2 #include "consts.h"
3 ...
```

经过编译预处理后，展开的源代码文件如下述代码段所示（省略部分内容）。

```
1  ...
2  extern double pi;
3  extern double e;
4  extern double g;
5  ...
```

8.3　条件编译

条件编译是指在编译预处理时，预处理器根据条件编译指令中设定的条件，将满足条件的源代码段输出给编译器进行编译。条件编译是对源代码按条件进行选择性编译的预处理命令，其主要功能是防止头文件重复包含导致的常量、变量和宏等内容的重复定义，也可以通过条件编译使源代码能够适应多种不同操作系统或使用平台。

1. #ifndef…#define…#endif

#ifndef…#define…#endif 的一般语法格式如下：

```
#ifndef identifier
#define identifier expr
statement block
#endif
```

其中，#ifndef 表示在未定义标识符 identifier 的条件下选中#ifndef 与#endif 之间的代码段，其必须以 "#" 开头，与#endif 配对出现；#define 用于定义标识符 identifier 及其替换内容 expr（可省略），通常是一个宏；#endif 是条件编译的结束，必须与#if 开头条件编译命令配对出现。

此格式一般用于检测是否已经定义了某个标识符，若尚未定义，则定义该标识符并选中从#define 与#endif 之间的代码段输出到编译器；否则略过本部分。

例如，consts.h 文件可使用条件编译命令修改如下。

```
1   #ifndef _CONSTS_H
2   #define _CONSTS_H
3   extern double pi; extern double e; extern double g;
4   #endif
```

在源代码文件 main.c 中开头处添加#include "consts.h"，如下述代码段所示。

```
1   #include <stdio.h>
2   #include "consts.h"
3   int main()
4   ...
```

经过编译预处理后，展开的源代码文件如下述代码段所示。

```
1   ...
2   extern double pi;  extern double e;  extern double g;
3   ...
4   int main()
5   ...
```

若在源代码文件 main.c 中第 2 行处插入宏定义语句#define _CONSTS_H，则编译预处理时会忽略该部分条件编译内容。

2. #ifdef…#endif

#ifdef…#endif 的一般语法格式如下：

```
#ifdef identifier
  statement block
#endif
```

此格式是与单分支 if 控制结构相似的条件编译命令，若定义了标识符 identifier，则选中#ifdef 与#endif 之间的代码段输出到编译器。例如，在开发阶段对源代码进行调试时，定义符号常量 USER_DEBUG（第 2 行），第 5 行输出变量 r 存储地址的语句就会被编译和执行。无须调试时，将宏定义指令删除后，第 5 行代码就不会被编译和执行。

```
1  ...
2  #define USER_DEBUG
3  ...
4  #ifdef USER_DEBUG
5    printf("&r = %#X\n", &r);
6  #endif
```

3. #ifdef…#else…#endif

#ifdef…#else…#endif 的一般语法格式如下：

```
#ifdef expr
  statement block1
#else
  statement block2
#endif
```

此格式是与双分支 if 控制结构相似的条件编译命令，若表达式 expr 成立，则选中#if 与#else 之间的代码段输出到编译器；否则，选中#else 与#endif 之间的代码段输出到编译器。

4. #ifdef…#elif…#else…#endif

#ifdef…#elif…#else…#endif 的一般语法格式如下：

```
#ifdef expr1
  statement block1
#elif expr2
  statement block2
  ...
#else
  statement block n + 1
#endif
```

此格式是与多分支 if 控制结构相似的条件编译命令，若表达式 expr1 成立，则选中 statement block1 代码段输出到编译器，否则判断 expr2 是否成立，依此类推，若前 n 个条件表达式均不成立，则选中 statement block n + 1 代码段输出到编译器。

程序设计练习

1. 编写带参数宏并进行测试，要求：宏名为 IS_ALPHA(ch)，当参数 ch 为字母时结果为 1，否则为 0。

2. 编写带参数宏并进行测试，要求：宏名为 IS_LEAP_YEAR(y)，当参数 y 为闰年时结果为 1，否则为 0。

3. 编写带参数宏并进行测试，要求：宏名为 SWAP_ELEMENTS(type, x, y)，其功能是交换 type 类型变量 x 和 y 的值。

第9章　结构体和共用体

随着待处理问题数据量的增加，仅仅靠 char、int 等基本数据类型已很难有效解决问题。尽管 C 语言提供了数组类型用于处理批量数据，但随着用户对软件功能需求的增加，与业务相关的数据耦合度越来越高，实际待处理的数据对象往往是由多种不同类型的数据项组合构成的有机整体，需求的变化导致了新数据类型的产生，如图 9-1 所示。

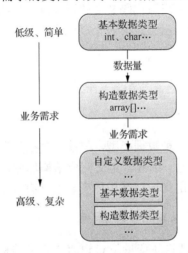

图 9-1　业务需求是产生新数据类型的根本原因

此时，需要"创造出"一种称为结构体的新数据类型，在结构体中可以包含若干个不同数据类型变量构成的数据项，这些数据项组合起来构成一个整体来表示某种信息。例如，一个雇员有编号、姓名、性别、家庭住址、联系电话等信息，可以定义一个 employee 结构体类型作为一个整体来存储雇员的这些基本信息。

9.1　结构体变量的定义和使用

当需要处理学生姓名、性别、出生日期、家庭住址等由若干密切关联的数据项构成的记录数据时，系统无法提供与之相关的数据类型，此时就需要先创建与之相关的结构体类型。当创建好结构体后，就可以像使用基本数据类型一样使用该结构体类型定义变量、数组、指针，也可以将该类型的变量作为函数的参数或返回值。

9.1.1　结构体的定义

在 C 语言中，结构体是由多个关联密切的数据成员构成的集合，定义结构体时需要使用 struct 关键字。使用 struct 定义结构体的一般语法格式如下：

```
struct struct_name
{  data_type_1 field_1;...; data_type_n field_n;  };
```

其中，struct_name 为结构体的名称，在大括号中的各个数据项称为成员列表。

成员列表中，各成员的数据类型可以是 char、int 等基本数据类型，也可以是数组或已定义的结构体类型。成员定义需要以分号作为结束符，整个结构体的定义也以分号作为结束符。结构体的定义通常在源代码文件的开头处，与函数定义平行，或者放在单独的头文件当中。下述代码段给出了定义一个表示出生日期结构体 born 的示例代码。

```
1 struct born{  int y, m, d;  };
```

9.1.2　结构体变量的定义

结构体是用户自定义的一种数据类型，与基本数据类型的性质和用法相似，只是其成员比基本数据类型复杂而已。因此，定义完成结构体后，就可以像基本数据类型一样定义结构体类型的变量了。定义一个结构体变量通常有以下三种形式。

1. 先定义结构体，再定义结构体变量

先定义结构体，再定义结构体变量是 C 语言中定义结构体变量最常用的方式，也是推荐的方式，其一般语法格式如下：

```
struct struct_name{...};
struct struct_name var_name;
```

定义结构体变量时，必须在结构体名之前加上关键字 struct。例如，定义 born 类型变量 birth 的表达式为 struct born birth，而表达式 born birth 就是错误的定义方法，缺少 struct 关键字会导致无法识别标识符 born。

2. 在定义结构体的同时定义结构体变量

在定义结构体的同时定义结构体变量的一般语法格式如下：

```
struct struct_name{...}var_list;
```

其中，var_list 是定义的结构体变量列表，各项间以逗号分隔。

因为结构体定义通常与函数定义平行，所以这种方式定义的结构体变量通常为全局变量。为了提高代码的内聚性，应尽量减少全局变量的使用，因此不建议使用这种方法定义结构体变量。

3. 以匿名结构体直接定义结构体变量

以匿名结构体直接定义结构体变量的一般语法格式如下：

```
struct{...}var_list;
```

这种方式只能定义 var_list 中的若干个结构体变量，无法复用该结构体类型。

9.1.3　结构体变量的使用和初始化

在程序中使用结构体变量时，需将之作为一个整体，但需要对各个成员进行分项处理，参与各种运算和操作的真正数据是结构体变量中的各个数据成员。

1. 结构体变量的使用

引用结构体变量中的各个成员时，需要使用成员选择运算符 "."，其一般语法格式如下：

```
struct_var_name.field_name
```

例如，定义 born 类型结构体变量 birth 后，可以通过 birth.y、birth.m 和 birth.d 对其各成员进行访问，包括对之进行赋值、参与各种运算等。结构体变量成员的使用与普通变量的使用完全一致。程序清单 9-1 给出了定义及使用结构体变量的示例代码。

程序清单 9-1　　　　　　　ex0901_born_date.c

```
1   #include <stdio.h>
2   struct born{  int y, m, d;  };
3   int main()
4   {
5     int days[13]={0,31,28,31,30,31,30,31,31,30,31,30,31};
6     int i, tmp, sum = 0;
7     struct born birth;
8     scanf("%d%d%d", &birth.y, &birth.m, &birth.d);
9     tmp = birth.y;
10    if((tmp % 400 == 0) || (tmp % 4 == 0 && tmp % 100 != 0))
11      days[2]++;
12    for(i = 1; i < birth.m; i++)
13      sum += days[i];
14    sum += birth.d;
15    printf("这一年中的第%d 天\n", sum);
16    return 0;
17  }
```

若结构体变量的某个成员是某个已经定义的结构体类型变量，引用时需要逐级使用成员选择运算符找到最低一级的成员，只能对最低级的成员进行相应操作。同一结构体类型的变量之间可以相互赋值，赋值时会将"="号右侧结构体变量的各个成员逐一复制到"="号左侧结构体变量对应的各个成员当中。

程序清单 9-2 给出了结构体变量的成员为已定义结构体类型的示例代码。

```
程序清单9-2          ex0902_compound_struct.c
1   #include <stdio.h>
2   #include <string.h>
3   struct born{ int y, m, d; };
4   struct student
5   { char name[20];   struct born birth; };
6   int main()
7   {
8     struct student stu1, stu2;
9     scanf("%s%d%d%d",stu1.name,&stu1.birth.y,
        &stu1.birth.m, &stu1.birth.d);
10    stu2 = stu1;   strcpy(stu2.name, "liping");   stu2.birth.y += 1;
11    printf("%s %d-%d-%d\n", stu2.name, stu2.birth.y,
        stu2.birth.m, stu2.birth.d);
12    return 0;
13  }
```

可以使用 sizeof 运算符计算一个结构体或结构体变量占用存储空间的实际大小。使用 sizeof 运算符计算结构体或结构变量实际存储空间大小的一般语法格式如下：

sizeof(struct struct_name)或 sizeof(struct_var_name)

需要注意的是，可能会出现实际占用存储空间的字节数大于各个成员理论上应占用存储空间总和的情况。为了提高对结构体进行处理的效率，编译器会对其进行字节对齐，具体对齐规则与各编译器相关。

2. 结构体变量的初始化

与基本数据类型变量的初始化相同，可以在定义结构体变量时对其进行初始化，为结构体变量的每个数据项赋初值。在定义结构体变量时进行初始化的一般语法格式如下：

struct struct_name struct_var_name = {arg_list};

其中，arg_list 为用于初始化各个数据项的初始化参数列表，各项之间用逗号分隔，如 struct student stu1 = {"LiLi", {2000, 2, 29}}。

9.2 结构体数组

当结构体定义完成后，在当前源代码中便成为已有数据类型，就可以像使用 char、int 等基本数据类型一样定义该结构体类型的数组。结构体数组通常用于表示若干记录的集合，像二维表格一样保存不同记录在各个数据项上对应的信息。例如，表 9-1 是一个记录学生基本信息的二维表格，由若干行和列构成，数据行表示记录，数据列表示各个数据项，一条记录就是某学生在各个数据项上的取值集合。

表 9-1 学生基本信息表

学号	姓名	出生日期	性别	住址
1001	李明	2000-2-29	男	北京市
1002	李丽	1999-12-21	女	天津市
⋮	⋮	⋮	⋮	⋮

定义结构体数组之前，需要先定义好结构体类型，然后按照定义基本数据类型数组的语法完成结构体数组的定义即可。例如，在 student 结构体的基础上，可以使用 struct students stus[10]定义具有 10 个元素的结构体数组 stus，每个数组元素都是一个 student 类型的结构体变量，代表一条表示学生信息的记录。

结构体数组也是数组，其初始化方式和需要注意的事项与基本数据类型的数组完全相同，可以在定义数组时直接进行初始化，也可以在使用之前对数组元素进行赋值。

程序清单 9-3 给出了定义结构体数组并对之进行初始化的示例代码。

程序清单 9-3   ex0903_struct_array_init.c

```
1   #include <stdio.h>
2   #define MAX 3
3   struct born{ int y, m, d; };
4   struct student{ char name[20]; struct born birth; };
5   int main()
6   {
7     struct student stus[MAX] ={{"stu1", {2000, 2, 29}},
      {"stu2", {2000, 3, 29}}, {"stu5", {2001, 7, 23}}};
8     int i;
9     for(i = 0; i < MAX; i++)
10      printf("%s %d-%d-%d\n", stus[i].name,
        stus[i].birth.y,stus[i].birth.m,stus[i].birth.d);
11    return 0;
12  }
```

例 9-1 对 student 结构体数组按姓名进行排序。

对结构体数组进行排序时，需要指定结构体中作为排序依据的数据项，该数据项的数据类型决定了比较的方法。例如，char、int 和 double 等基本数据类型是可以直接比较的，而字符数组类型需要使用 strcmp( )函数进行比较；若某个数据项是自定义结构体类型，则需要编写专门针对该结构体数据类型的比较函数。程序清单 9-4 给出了对 student 结构体数组按姓名进行冒泡排序的示例代码。

程序清单 9-4   ex0904_struct_array_sort.c

```
 1  #include <stdio.h>
 2  #include <string.h>
 3  ...
 4  struct student temp, stus[MAX]={{"stu2",{2000,2,29}},
         {"stu6",{2000,3,29}},{"stu5",{2001,7,23}}};
 5  int i, j;
 6  for (i = 0; i < MAX - 1; i++)
 7    for (j = 0; j < MAX - i - 1; j++)
 8      if (strcmp(stus[j].name, stus[j + 1].name) > 0)
 9      { temp=stus[j]; stus[j]=stus[j+1]; stus[j+1]=temp;  }
10  ...
```

9.3 指向结构体的指针

若指针变量的数据类型为某结构体类型，则称其为指向结构体变量的指针。结构体指针变量中存储的是某个同类型结构体变量的存储地址。结构体指针变量的定义、初始化、赋值、增减运算等操作与指向基本数据类型的指针变量完全一致。

9.3.1 结构体指针变量的定义、初始化和使用

定义结构体的指针变量的一般语法格式如下：

```
struct struct_name *pointer_name = &struct_var_name;
```

其中，pointer_name 是结构体指针变量的名字，符号"*"表示变量为指针类型，赋值号右侧为结构体变量的存储地址。

下述代码段定义了一个 student 结构体指针变量 pstu，并将其指向了 student 结构体变量 stu。

```
1 struct student stu = {"liping",{2000,2,29}};
2 struct student *pstu = &stu;
```

通过指针间接访问其指向结构体变量的数据成员的方法有两种：一是间接引用方式，二是使用指向运算符 "->"（也称箭头运算符）。

使用间接引用访问结构体指针指向的结构体变量中某数据成员的一般语法格式如下：

```
(*pointer).member_name
```

其中，成员选择运算符 "."的优先级高于间接引用运算符 "*"，所以(*pointer)的括号不可省略。

下述代码段给出了使用间接引用运算符的示例代码。

```
1 struct student stu = {"liping",{2000,2,29}};
2 struct student *pstu = &stu; strcpy((*pstu).name, "liping");
```

指向运算符 "->"的唯一用途是使结构体指针变量可以存取其所指向的结构体变量的数据成员。通常情况下，使用指向运算符 "->"的方式更普遍，也更直观。下述代码段给出了使用指向运算符 "->"访问结构体变量数据成员的示例代码。

```
1 struct student stu = {"liping",{2000,2,29}};
2 struct student *pstu = &stu; strcpy(pstu->name, "liming");
```

使用指向结构体的指针变量时需要特别注意：指向结构体的指针变量是指针变量，指针变量占用的存储空间是固定的。结构体指针变量不具有任何数据成员，必须与某个结构体变量关联之后才能访问其关联的结构体变量的数据成员。在未与具体结构体变量关联之前，指向结构体的指针变量只是无有效值的指针变量。程序清单 9-5 给出了错误使用结构体指针变量的示例代码。

程序清单 9-5   ex0905_pointer_struct_wrong.c

```
1 struct student stu2 = {"stu2", {2000, 2, 29}};
2 struct student *pstu1, *pstu2 = &stu2;
3 //strcpy(pstu1->name, "liping");//错误用法
4 //printf("%s %d-%d-%d\n", pstu1->name,
  // pstu1->birth.y,pstu1->birth.m,pstu1->birth.d);
5 strcpy(pstu2->name, "lihua");//正确用法
6 printf("%s %d-%d-%d\n", pstu2->name,
  pstu2->birth.y,pstu2->birth.m,pstu2->birth.d);
```

9.3.2 结构体指针变量作函数参数

在前述章节中已经提到，无论基本数据类型变量作为函数参数还是指针变量作为函数的形参，函数调用时均是将实际参数的值复制给形式参数。当函数参数为基本数据类型时，使用普通变量或指针变量虽然本质不同，但参数传递的效率相差不大。当函数需

要处理结构体类型时，使用结构体变量作函数的形参与使用指向结构体变量的指针作函数的形参在传递效率方面是完全不同的，使用指向结构体变量的指针作为函数的形参传递效率更高。程序清单 9-6 给出了使用结构体变量和结构体指针变量作函数的形参的示例代码。

程序清单 9-6　　　　　ex0906_pointer_struct_parameter.c

```
1   void swap_s1(struct student s1, struct student s2)
2   { struct student tmp=s1;  s1=s2;  s2=tmp; }
3   void swap_s2(struct student *ps1, struct student *ps2)
4   { struct student tmp=*ps1; *ps1=*ps2; *ps2=tmp; }
5   void show_stu1(struct student s)
6   {
7     printf("%s %d-%d-%d\n",s.name,
      s.birth.y,s.birth.m,s.birth.d);
8   }
9   void show_stu2(struct student *ps)
10  {
11    printf("%s %d-%d-%d\n",ps->name,
      ps->birth.y,ps->birth.m,ps->birth.d);
12  }
13  ...
14    struct student s1={"s1",{2000,2,29}},s2={"s2",{2000,3,29}};
15    struct student s3={"s3",{2002,5,28}},s4={"s4",{1998,9,12}};
16    struct student *p1 = &s3, *p2 = &s4;
17    swap_s1(s1, s2);  show_stu1(s1);  show_stu2(&s2);
18    swap_s2(p1, p2);  show_stu1(*p1);  show_stu2(p2);
```

为了更好地理解结构体指针作函数参数的优势，程序清单 9-6 中定义了用于输出结构体信息的函数 show_stu1( )和 show_stu2( )，前者的形参为结构体变量，后者的形参为指向结构体的指针变量。程序清单 9-6 中，第 1 和 2 行定义了交换两个结构体变量的函数 swap_s1( )，形参为结构体变量，无法交换作为实参的 s1 和 s2。第 3 和 4 行定义了形参为结构体指针变量的函数 swap_s2( )，该函数通过对指针变量的间接引用，可以达到交换两个实参 s3 和 s4 的目的。

show_stu1( )和 show_stu2( )、swap_s1( )和 swap_s2( )形参的类型不同，参数传递的效率也大相径庭。通过调试工具可以获得参数传递的实际情况，show_stu1( )函数需要传递 32 字节数据，swap_s1( )需要传递 64 字节数据；而 show_stu2( )函数只需要传递 4 字节地址数据，swap_s2( )函数也仅需要传递 2 个地址对应的 8 字节数据。

一级指针是指向元素的指针，指针增减的幅度为对应的数据类型的大小。数组元素在内存中又是连续存储的，数组名对应数组中第一个元素的存储地址。因此，将指针与数组元素的存储地址关联就可以实现指针对数组元素的间接处理。使用结构体指针作为函数的参数正是利用了指针与数组元素存储地址的关联和参数传递效率高这两个特点。

例 9-2 使用结构体指针作函数参数完成对 student 结构体数组的排序。

对 student 结构体数组进行排序时，需要指定结构体中作为排序依据的数据项，如学号、姓名、出生日期等。同时，不应当限定只允许哪个数据项作为排序的基准，而应将选择权交给使用者。

对 student 结构体数组排序时，待排序的数据是固定的，排序的算法是相同的，只有排序时两个数组元素比较的数据项是不同的。因此，针对 student 结构体中的 name 和 birth 建立一个通用的排序方法，添加一个指向不同数据项比较函数的指针变量作为形参，再使用冒泡排序算法完成对结构体数组的排序任务。

程序清单 9-7 给出了对 student 结构体数组进行排序的示例代码。

程序清单 9-7　　　　　ex0907_struct_array_sort.c

```
1   int name_cmp(struct student *ps1, struct student *ps2)
2   {  return strcmp(ps1->name, ps2->name);  }
3   int birth_cmp(struct student *ps1, struct student *ps2)
4   {
5     if(ps1->birth.y == ps2->birth.y)
6      if(ps1->birth.m == ps2->birth.m)
7        return ps1->birth.d - ps2->birth.d;
8      else
9        return ps1->birth.m - ps2->birth.m;
10    else
11      return ps1->birth.y - ps2->birth.y;
12  }
13  void bubble_sort(struct student *stus, int size,
    int (*pcomp)(struct student*, struct student*))
14  {
15    int i, j;
16    struct student temp;
17    for (i = 0; i < size - 1; i++)
18     for (j = 0; j < size - i - 1; j++)
19       if (pcomp(&stus[j], &stus[j + 1]) > 0)
20       { temp=stus[j]; stus[j]=stus[j+1]; stus[j+1]=temp; }
21  }
22  void show_stu_info(struct student *pstu)
23  {
24    printf("%s %d-%d-%d\n", pstu->name,
       pstu->birth.y,pstu->birth.m,pstu->birth.d);
25  }
26  ...
27  struct student stus[MAX] ={{"stu7",{2000,2,29}},
28        {"stu5",{1998,9,12}},{"stu1",{2001,7,23}}};
```

```
29    int i, j;
30    int (*pfun[])(struct student*, struct student*) =
                            {name_cmp, birth_cmp};
31    for (i = 0; i < 2; i++)
32    {
33     bubble_sort(stus, MAX, pfun[i]);
34     for(j = 0; j < MAX; j++)
35       show_stu_info(&stus[j]);
36    }
```

第 1 和 2 行定义了按 name 成员对两个结构体指针所指向的 student 结构体变量进行比较的函数 name_cmp( )，第 3～12 行定义了按 birth 数据项进行比较的函数 birth_cmp( )。两个函数的返回值类型及形参数据类型完全相同，可以使用同一函数指针进行访问。

第 13～21 行定义了对结构体数组进行冒泡排序的 bubble_sort( )函数。bubble_sort( )函数的第 1 个参数是待排序的结构体数组所对应的指针变量；第 2 个参数是结构体数组的大小；第 3 个参数是指向具有两个 struct student*参数且返回值为 int 类型的函数指针，是切换不同排序基准数据项的关键。在第 19 行，使用指向函数的指针来对两个结构体数组元素进行比较。测试函数中，第 30 行定义了一个指向函数的指针数组，分别使用 name_cmp( )函数和 birth_cmp( )函数作为初始值来初始化该指针数组，从而达到分别依据 name 和 birth 两个数据项对结构体数组进行冒泡排序的目标。在第 31～36 行的二重 for 循环中，外层 for 循环控制循环次数和每次冒泡排序所依据的数据项，内层循坏则对排序后的结果进行输出。

9.4 共 用 体

共用体（union）是一种与结构体相似的用户自定义类型，其定义的语法格式及变量的定义方式均与结构体相同，只是其所有数据成员共享同一存储空间，而结构体的数据成员有各自的存储空间。定义共用体的一般语法格式如下：

```
union union_name
{ data_type_1 field_1;...; data_type_n field_n;  };
```

共用体的各个数据成员共享同一个存储空间和同一存储地址，该存储空间的大小等于各成员中占用存储空间最大的数据成员所占用的字节数。共用体各成员在某一时刻只能有一个处于有效状态，为某数据成员设置新值后，原数据成员及其值自动失效，有效值为最后设置的成员值。

若待描述的某个结构中成员互斥，可以通过共用体实现各成员间的互斥状态，既不会导致各成员之间数据覆盖，又能够节约存储空间。共用体在一般的编程中应用较少，在一些特殊应用场景和嵌入式单片机编程中有应用，本节不过多展开。

程序清单 9-8 给出了定义和使用共用体的示例代码。

程序清单 9-8   ex0908_union.c

```
1   #include <stdio.h>
2   #include <string.h>
3   union data{ int num;  char gen, name[6];  };
4   int main()
5   {
6     union data usr;   usr.num = 11;
7     printf("%d %c %s\n", usr.num,usr.gen,usr.name);
8     usr.gen = 'M';
9     printf("%d %c %s\n", usr.num,usr.gen,usr.name);
10    strcpy(usr.name, "hello");
11    printf("%d %c %s\n", usr.num,usr.gen,usr.name);
12    return 0;
13  }
```

程序清单 9-8 中定义了由 3 个元素构成的共用体 data，占用 8 字节存储空间（其中 2 字节用于内存对齐），其对应的存储空间分布及成员引用如图 9-2 所示。当执行第 6 行代码后，共用体变量 usr 中的 num 成员处于有效状态，对应的存储地址为 0x00f6fc68～0x00f6fc6b 的 4 字节，其值为 11。此时，其他两个成员 gen 和 name 虽然无效，但可被引用，引用 gen 和 name 得到的结果相同，是 ASCII 值为 11 的"垂直制表位"。

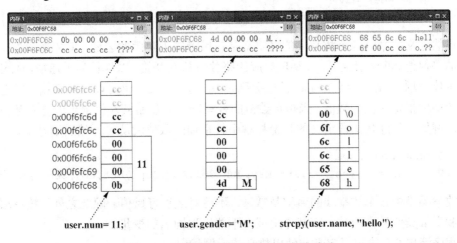

图 9-2   共用体存储空间分布及成员引用

当执行第 8 行代码后，共用体变量 usr 中的 gen 成员处于有效状态，对应的存储地址为 0x00f6fc68 的 1 字节，值为'M'。此时，其他两个成员 num 和 name 虽然无效，但仍可被引用，引用 num 得到结果 77（4D），引用 name 得到结果"M"。

当执行第 10 行代码后，共用体变量 usr 中的 name 成员处于有效状态，对应的存储地址为 0x00f6fc68～0x00f6fcd 的 6 字节，其值为字符串"hello"。此时，其他两个成员 num 和 gen 虽然无效，但仍可被引用，引用 gen 得到的结果是 ASCII 值为 68 的'h'，引用 num 对应存储空间 0x00f6fc68～0x00f6b 的 4 字节得到的结果为 1819043176（6C6C 6568）。

9.5 枚 举

在实际情况中经常会遇到某个数据只能在有限范围内取离散值的情况，如表示月份的取值只能是 1～12，表示天干信息的取值只能是甲，乙，丙，…，癸等。当使用这样的数据时，应当确保使用者只能选择设计者所提供的选项，不能由使用者输入其他不合法的数据。

在 C 语言中，对于取值是有限可列举项的数据，可以定义枚举类型来处理。定义枚举类型的一般语法格式如下：

```
enum enum_name{  value_name_1, value_name_2,... };
```

其中，enum_name 是枚举类型的名字，value_name_1，value_name_2，…，是可列举的取值名称。

例如，可以定义下述代码段所示的星期取值枚举类型。

```
1 enum week_day
2 {  Monday,Tuesday,Wednesday,Thursday,Friday,Saturday,Sunday  };
```

虽然定义枚举时各个枚举项的名字都是使用者较为熟悉的名称，但枚举项本质上是离散的整数值。默认情况下，枚举项对应的整数值从 0 开始，以步长为 1 递增，week_day 枚举中枚举项 Monday 至 Sunday 的值分别是 0，1，…，6。也可以在定义枚举时直接为某些枚举项指定对应的数值，未指定数值的枚举项取值从距其左侧最近的指定数值开始递增。例如，下述代码段定义的月份枚举中枚举项的取值就从 1 开始递增。

```
1 enum month_name
2 {  Jan = 1,Feb,Mar,Apr,May,Jun,Jul,Aug,Sept,Oct,Nov,Dec  };
```

枚举类型中各个枚举项的名称是常量，不可对之进行赋值。除此之外，枚举项名称具有和变量类似的作用域，在其作用域内不能出现同名的变量。

程序清单 9-9 给出了定义和使用枚举的示例代码。

程序清单 9-9　　　　　ex0909_enum.c
```
1  #include <stdio.h>
2  enum dialog_result
3  {
```

```
4    None = 0, OK = 1, Cancel = 2, Abort = 3, Retry = 4,
5    Ignore = 5, Yes = 6, No = 7
6  };
7  int main()
8  {
9   enum dialog_result res;
10   scanf("%d", &res);
11   switch (res)
12   {
13   case None:  printf("你未做选择\n");     break;
14   case OK:     printf("你选择了确定按钮\n"); break;
15   case Cancel: printf("你选择了取消按钮\n"); break;
16   case Abort: printf("你选择了中止按钮\n"); break;
17   case Retry: printf("你选择了重试按钮\n"); break;
18   case Ignore: printf("你选择了忽略按钮\n"); break;
19   case Yes: printf("你选择了是按钮\n");     break;
20   case No:     printf("你选择了否按钮\n");     break;
21   }
22   return 0;
23 }
```

程序清单 9-9 的功能是模拟 Windows 对话框中返回按钮选择的结果。定义 dialog_result 枚举，表示一个对话框中可能出现的按钮取值，包括"确定""取消""重试"等。第 9 行定义了一个 dialog_result 类型的枚举变量 res，第 11～21 行对 res 的可能取值进行了判定并给出了相应输出结果。

9.6 typedef 定义类型

C 语言允许使用 typedef 关键字为已有基本数据类型、数组类型、指针类型及结构体等用户自定义数据类型定义一个简洁的别名，使用该别名的效果与原类型等价，可以使用别名定义变量、数组和指针等内容。typedef 的使用方法主要包括为基本数据类型定义别名、为自定义数据类型定义简洁名称和为指针类型设置简洁名称等。

9.6.1 为基本数据类型定义别名

通过 typedef 可以为基本数据类型定义一个新的别名，其一般语法格式如下：

```
typedef basic_type alias;
```

其中，basic_type 是 char、int 和 double 等基本数据类型，alias 是定义的新别名。

例如，"typdef int data_type;"表示为基本数据类型 int 定义了一个新的别名 data_type。

使用 typedef 为基本数据类型定义新别名可以使某些类型更清晰明了，应用范围更具体，下述代码段给出了示例。

```
1 typedef int INT32;
2 typedef unsigned int UINT32;
```

为基本数据类型定义别名还可以达到与符号常量同样的效果，一次定义、多次使用，便于修改，同时还具有类型检查的作用。

9.6.2 为自定义数据类型定义简洁名称

当定义 student 结构体之后，定义 student 结构体变量时需要使用 struct student 作前缀，使用起来较为烦琐。可以通过 typedef 用户自定义结构体类型指定一个别名，再使用该别名定义结构体变量。使用 typedef 为结构体定义别名的一般语法格式如下：

```
typedef struct struct_name
  { data_type_1 field_1;...;data_type_n field_n;  }alias;
```

其中，以黑体表示的内容是原结构体定义的内容。

这种定义方式将结构体类型定义和为结构体设置别名两个步骤合并为一个步骤，与使用 typedef 为基本数据类型设置别名本质上是完全相同的，就是将 alias 设置为 struct struct_name 的别名或简称。例如，下述代码段为 student 结构体定义了别名 stu_info，再定义结构体变量时就可以直接使用 stu_info stu，而不必使用 struct student stu。

```
1 struct born{ int y, m, d; };
2 typedef struct student
3 { char name[20]; struct born birth; }stu_info;
```

9.6.3 为指针类型设置简洁名称

可以使用 typedef 为指针类型定义一个简洁的别名，其定义格式与设置基本数据类型的别名相同。例如，执行语句"typedef int* int_ptr;"后会为 int 型指针设置一个新的别名 int_ptr，执行语句"typedef char* PCHAR;"后会为 char 型指针设置别名 PCHAR，再使用 int_ptr 定义的变量就是 int 型指针变量，使用 PCHAR 定义的变量就是 char 型指针变量。

除了上述基本用法之外，typedef 还有其他使用较少的复杂用法，这些用法可以解决一些较为棘手的问题，但定义、使用和阅读都相对困难，因此不作赘述。

9.7　应 用 举 例

在实际编程时，最常处理的数据是序列数据，包括斐波那契数列{1, 1, 2, 3, 5, 8, ···}等简单序列数据，以及类似{{"stu7", {2000, 2, 29}}, {"stu2", {2000, 3, 29}}}等由记录构成的复杂序列。尽管这些数据简繁不一，看起来千差万别，但将这些数据进行抽象后会发现它们本质上都可以用同一种逻辑结构进行描述。

上述数据可以抽象描述为一个序列 S = {a_1, a_2, ···, a_{i-1}, a_i, a_{i+1}, ···, a_n}。序列中非首尾元素 a_i 有且仅有一个前驱 a_{i-1}，有且仅有一个后继 a_{i+1}；首元素 a_1 无前驱，尾元素 a_n 无后继。具有这种逻辑结构的序列称为线性表。

对线性表中的数据进行处理时，最简单、最直接的方法就是使用数组进行存储。用数组存储线性表时，若要在数组中增加元素，需要移动大量元素为新增元素腾出空间后才能插入新增元素；若要删除一个元素，同样需要向前移动大量元素去填充删除元素导致的空位，从而继续保持元素间的线性关系。更进一步，使用数组之前需要确定数组的大小，若以最大预估方式定义数组可能造成存储空间的浪费，若以最小预估方式定义数组则可能出现无法存放所有数据的情况。因此，只有元素数目较少或数量相对固定，很少插入和删除元素操作，又需要快速访问数据的需求才适合使用数组存储线性表。

为了解决数组存储线性表存在的一些弊端，可以采用动态内存分配来存储线性表，需要增加元素时在堆空间中动态分配一块存储空间存放新元素，同时保持好元素之间的线性逻辑关系，分配的存储空间称为结点。当某个结点已经失效不再使用时，可以将该结点删除，将其所占用的存储空间释放，同时需要继续保持元素间的线性逻辑关系。

在堆空间中进行动态内存分配时，无法保证结点的存储地址之间是连续状态。为了保持结点间的线性逻辑关系，就需要有一种方式能够确保元素之间的逻辑关联。能够由前驱元素找到后继元素或由后继元素找到前驱元素，抑或双向都可访问。很显然，指针是保持这种关联的绝佳方式。这样每个结点都由数据和指针两个数据项构成，数据部分保存实际待处理的内容，指针部分则用于保存当前结点的前驱/后继结点的存储地址，各个结点借助指针就构成了一个链式的线性表，也称为链表，其结构如图 9-3 所示。

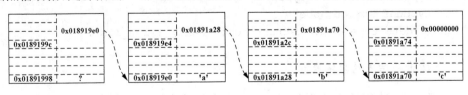

图 9-3　链表

9.7.1　单链表的基础知识

结点中只有一个保存指向其前驱或后继结点指针的链表称为单链表。结点中有两个指针（分别保存前驱结点和后继结点的存储地址）的链表称为双链表。若将最后一个结点的指针指向链表中第一个结点，则会构成一个首尾相接的链表，称为循环链表。

单链表中最基本的元素是结点。假定单链表用于存储一个字符序列，则该链表中结点的描述如下述代码段所示。

```
1 typedef char data_type;
2 struct node{ data_type data; struct node *next; };
```

其中，**data** 为数据域，**next** 为指向 node 结构体的指针域。

也可以使用 typedef 为单链表结构体设置别名，使得编写代码更清晰和简洁。

```
1 typedef char data_type;
2 typedef struct node
3 {
4  data_type data; struct node *next;
5 }link_node;
```

代码段中使用 typedef char data_type 为 char 类型设置别名的主要目标是使代码的适用性更强。例如，若将 char 类型修改为 int 类型，则整个链表就变为与 int 类型相关的链表，操作也与 int 类型数据相关。

9.7.2　单链表的基本操作

与单链表相关的操作包括创建单链表、获取结点信息、获取某个数据元素所在位置、向单链表中插入结点、从单链表中删除结点和对单链表进行输出等。

1. 创建单链表前的准备工作

创建单链表前，需要完成添加头文件（stdio.h、stdlib.h 等）、使用宏定义符号常量（#define OK 1、#define ERROR -1）、定义单链表结点信息对应的结构体等前期工作。

```
1 typedef char data_type;
2 typedef struct node
3 { data_type data; struct node *next; }link_list;
```

2. 创建带头结点的单链表

带头结点的单链表是指在单链表中有一个专门的头结点作为链表起始结点，该结点中不保存具体数据，只作为链表的起始位置标识。创建带头结点的单链表有两种方式：

一是每次新添加的结点总是放在头结点后的第一位置，这种创建单链表的方法称为头插法；二是每次插入结点时，总是将结点放在链表的最后，这种创建链表的方法称为尾插法。

1）使用头插法创建单链表的优点是插入算法简单，但其生成的链表是实际输入序列的逆序。使用头插法创建单链表的过程如图 9-4 所示。

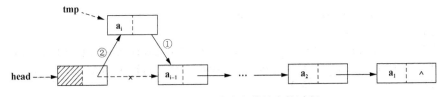

图 9-4　使用头插法建立单链表的过程

使用头插法创建单链表的基本处理流程如下：①在堆空间中为新插入结点分配存储空间，创建新结点 tmp；②将 tmp 的 next 域指向头结点的下一个结点，即 tmp->next = head->next，此时头结点的 next 处于闲置状态；③将头结点的 next 域指向新插入的结点 tmp，即 head->next = tmp，处理后新插入的结点变成头结点 head 的下一个结点，位于当前结点序列的最前端。

插入新结点的操作步骤次序有先后，不能调换，否则会丢失数据。采用头插法建立带头结点单链表的示例代码如下。

```
4   link_list* create_list()
5   {
6    link_list *tmp,*head=(link_list *)malloc(sizeof(link_list));
7    char ch = getchar();
8    while(ch != '$')
9    {
10    tmp = (link_list *)malloc(sizeof(link_list));
11    tmp->data = ch;   tmp->next = head->next;
12    head->next = tmp; ch=getchar();
13   }
14   return head;
15  }
```

2）使用尾插法创建单链表的优点是链表保存的序列与实际输入序列次序一致，但需要保存指向尾结点的指针来获得插入位置。使用尾插法创建单链表的过程如图 9-5 所示。

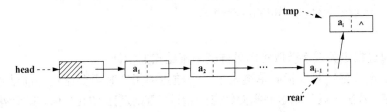

图 9-5　使用尾插法建立单链表的过程

使用尾插法创建单链表的基本处理流程如下：①在堆空间中为新插入结点分配存储空间，创建新结点 tmp；②使用 rear 指针指向当前链表的尾结点；③将尾结点的 next 域指向新插入的结点 tmp，即 rear->next = tmp；④对序列中的所有结点处理完毕之后，将尾结点的 next 域置为 NULL。

采用尾插法建立带头结点单链表的示例代码如下。

```
16 link_list* create_list_rear()
17 {
18   link_list  *head = (link_list *)malloc(sizeof(link_list));
19   link_list *tmp, *rear = head;  char ch = getchar();
20   while(ch != '$')
21   {
22     tmp = (link_list *)malloc(sizeof(link_list));
23     tmp->data=ch; rear->next=tmp; rear=tmp; ch=getchar();
24   }
25   rear->next = NULL;  return head;
26 }
```

3. 获取指向单链表中某个结点的指针

获取指向单链表中某个结点的指针的思路就是沿着指针链对元素进行顺序搜索。对单链表遍历本质上就是"顺藤摸瓜"，从头结点开始沿着结点指针链向链表尾部移动过程中，可以对遍历过的结点进行计数，也可以与当前遍历结点的关键字进行比较。

（1）通过次序获取指向单链表中某结点的指针

通过次序获取指向单链表中某个结点的指针时需要对遍历过的结点进行计数，若满足条件则返回指向结点的指针，否则返回 NULL 值。其示例代码如下。

```
27 link_list* get_by_idx(link_list *head, int i)
28 {
29   int j = 0;//从头结点开始扫描
30   link_list *pos = head;
31   while ((pos->next != NULL)&&(j < i))
32   { pos = pos->next;  j++;  }//计数并扫描下一结点
33   if(i == j)  return pos;//找到第 i 个结点
34   else  return NULL;//找不到
35 }
```

（2）通过指定关键字获取指向单链表中某结点的指针

通过指定关键字获取指向单链表中某个结点的指针时需要比较当前结点的数据成员和关键字，若满足条件则返回指向结点的指针，否则返回 NULL 值。其示例代码如下。

```
36  link_list* get_by_key(link_list *head, data_type key)
37  {
38    link_list *p = head->next;//从第一个结点开始
39    while (p != NULL)
40      if (p->data != key) p = p->next;
41      else    break;//找到结点时退出循环
42    return p;
43  }
```

4. 向单链表中插入结点

向单链表中插入新结点时需要先对插入位置进行定位，从头结点开始沿着结点指针链向链表尾部移动过程中，通过计数方式或对比结点存储地址的方式获得待插入结点的前驱结点位置，然后执行插入操作，整体处理流程如图 9-6 所示。

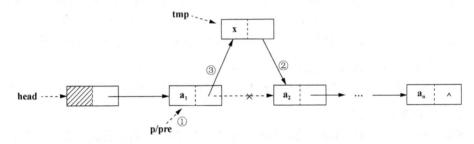

图 9-6　向单链表中插入结点

（1）在指定结点后插入新结点

在指定结点 p 后插入新结点 tmp 的处理过程较简单，首先创建新结点 tmp；然后以指定结点 p 作为前驱结点，通过 tmp->next = p->next 使新结点指向其前驱结点的原后继结点，如图 9-6 中②所示；最后使用 p->next = tmp 将前驱结点指向新结点，构建成新的链，如图 9-6 中③所示。在指定结点后插入新结点的示例代码如下。

```
44  void insert_by_node(link_list *p, data_type x)
45  {
46    link_list *tmp = (link_list *)malloc(sizeof(link_list));
47    tmp->data = x;  tmp->next = p->next;  p->next=tmp;
48  }
```

（2）在指定位置后插入新结点

在指定位置 i 处插入新结点 tmp 的处理过程如下：首先创建新结点 tmp；然后对单链表进行遍历，遍历过程中需要对遍历过的结点进行计数，同时保留当前结点作为前驱结点 pre；在找到插入位置前驱结点的情况下，按照图 9-6 所示，先后执行 tmp->next = pre->next 和 pre->next = tmp，将新结点 tmp 插入单链表中。

5. 从单链表中删除结点

从单链表中删除结点时需要先对待删除结点 tmp 进行定位，找到待删除结点的前驱结点 pre；然后将前驱结点 pre 指向 tmp 的后继结点，再将 tmp 释放，即完成删除操作，整体处理流程如图 9-7 所示。

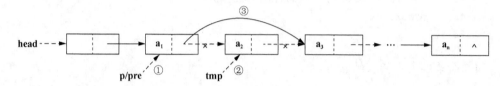

图 9-7　从单链表中删除结点

（1）删除指定结点的后继结点

删除指定结点 p 的后继结点 tmp 的处理过程较简单，只需通过 tmp = p->next 指向当前结点的后继，然后使用 p->next = tmp->next 将待删除结点从链表中移除，最后使用 free(tmp)将结点对应的堆存储空间释放。删除指定结点的后继结点的示例代码如下。

```
49  void delete_by_node(link_list *p)
50  {  link_list *tmp=p->next;  p->next=tmp->next;  free(tmp);  }
```

（2）删除指定位置结点

删除单链表中在指定位置 i 处的结点 tmp 时，需要先对单链表进行遍历，遍历过程中需要对遍历过的结点进行计数，同时保留当前结点作为前驱结点 pre；在找到删除位置前驱结点的情况下，按照图 9-7 所示，执行 pre->next = tmp->next 将待删除结点从单链表中移除；将带删除结点的数据通过指针作为输出参数返回，最后使用 free(tmp)释放结点对应的堆存储空间。

6. 遍历单链表

遍历单链表就是从单链表的头结点开始，沿着指针链从头至尾逐项遍历单链表中的每个结点，并输出结点的相关信息。遍历单链表的示例代码如下。

```
51  void show_list(link_list *head)
52  {
53    link_list *tmp = head->next;
54    while(tmp!=NULL){ printf("%5c ",tmp->data); tmp=tmp->next; }
55    printf("\n");
56  }
```

7. 销毁单链表

单链表处理结束后，需要使用 free( )函数沿着指针链从头至尾逐项释放单链表中每个结点在堆中申请的空间。销毁单链表的示例代码如下。

```
57  void destroy_list(link_list  *head)
58  {
59    link_list  *tmp = head;
60    while(head != NULL)
61    {  tmp = tmp->next; free(head); head = tmp;  }
62  }
```

单链表的基本操作完成后，就可以编写测试函数对单链表的各个功能进行测试了。

```
63  int main()
64  {
65    link_list *list;
66    printf("\t输入字符串，如: abcdef$ 以$结束后回车\n");
67    list = create_list_rear();  show_list(list);
68    destroy_list(list); list = NULL;
69    return 0;
70  }
```

程序设计练习

1．定义复数结构体 complex，并分别编写函数，实现求两个复数的和、差、积和商。

2．定义 student 结构体，包括姓名（char name[10]）和成绩（double score）两个数据项。编写代码，完成以下要求：

（1）编写函数，求不超过 10 个学生的平均成绩；

（2）编写函数，求成绩最高的学生姓名及成绩信息；

（3）在 main( )函数中对上述代码进行测试。

3．定义结构体 my_date 表示日期。编写函数 int get_days_born(struct my_date birth, struct my_date current)，计算出生日期至当前日期之间的天数。

4．建立表示出生日期的结构体 born_date，表示职工信息的结构体 employee（姓名、性别、出生日期）。编写函数，完成以下功能：

（1）创建带头结点的职工信息单循环链表；

（2）输出职工信息；

（3）在 main( )函数中对上述代码进行测试。

5．定义表示字符串的 char_node 结构体单链表，其中包括一个 char data 数据域和一个指向下一结点的指针域。编写函数，完成以下功能：

（1）按字符的 ASCII 值升序创建字符串信息单链表；

（2）输出字符串信息；

（3）在 main( )函数中对上述代码进行测试。

6．在第 5 题的基础上，增加计算字符串长度功能。

7．在第 6 题的基础上，增加字符串逆序功能。

8．在第 7 题的基础上，增加查找字符功能。

9．在第 8 题的基础上，增加删除字符功能。

10．在第 9 题的基础上，增加合并两个字符串功能。

第 10 章　文　件　处　理

到目前为止，所有示例程序中对数据的各种操作都是在内存中进行的，处理结果无法持久保存，再次运行代码时一切又重新开始。对数据的处理需要持久化保存时，涉及内存和外存之间的数据交换和文件的输入/输出处理。

10.1　文件的基础知识

数据传输是有方向的，以内存为参照，将磁盘文件中的数据传输给内存中的变量称为输入，将内存中变量保存的数据以指定的格式保存到磁盘文件中称为输出。

将数据在源和目的地之间的传输抽象成"流"，数据的输入/输出都以"数据流"的形式进行处理，数据按照指定格式和排列次序在输入源头和输出目的地之间"流动"。输出时称为输出流，数据从内存"流出"，传输到标准输出设备或文件中；输入时称为输入流，数据从标准输入设备或文件中"流入"内存，直到遇到文件结束标志为止。ANSI C 标准规定，对文件进行输入/输出读写时采用缓冲文件系统。

对文件的输入/输出有顺序存取和随机存取两种处理方式。

当对文件以顺序存取方式进行处理时，需要从文件起始处顺序进行读写，只能按顺序读写，不能跳过。例如，要读取第 1024 个字节的数据，需要先读取前 1023 个字节的数据。

对文件进行随机存取时，数据通常以记录（结构体）的形式进行处理，通过使用 C 语言提供的文件处理函数从指定位置读取/写入一条记录对应的字节数。

根据不同的划分标准，文件可以分为不同的类型。根据文件中数据的编码格式，可以将文件分为文本文件和二进制文件两大类。文本文件也称 ASCII 文件，将待存储的数据看作一个字符序列，把序列中每个字符的 ASCII 值存入文件中，字符序列中每个字符的 ASCII 值占 1 字节。二进制文件将待存储的数据看作一个字节序列，把序列中的每个字节存入文件中，不同数据类型占用不同字节数。

文本文件的最大优势是读取和存储简单，可以使用任何文本编码器对文本文件进行读取和写入。与文本文件相比，二进制文件编码是变长的，在无法确定编码格式之前，二进制文件无法直接显示，若按默认编码格式读取二进制文件，通常都是乱码。

10.2 文件的打开和关闭

在对文件进行具体读写操作时，首先需要建立与文件之间的关联，然后才能打开文件，定位到读写位置后进行读写操作，文件处理完毕后需要及时关闭。

10.2.1 文件指针

文件指针是一个指向与文件操作相关的 FILE 结构体的指针变量，通过文件指针可对其指向的文件进行读写操作。定义文件指针的一般语法格式如下：

```
FILE *file_pointer_name;
```

其中，FILE 是系统定义结构体类型，该结构体中包括一个缓冲区和一个文件描述符，对文件名、文件当前位置及文件状态等信息进行描述。

10.2.2 文件的打开

在对文件进行具体读写操作之前，需要先执行打开操作，建立与文件的关联，将文件指针指向该文件，为后续读写操作做好准备。C 语言中，打开文件通过标准函数 fopen( ) 来实现，该函数包含在头文件 stdio.h 中。fopen( ) 函数的声明如下：

```
FILE *fopen(const char * filename, const char * mode);
```

若执行成功，函数的返回值是一个指向 FILE 结构体的指针；否则返回 NULL。参数 filename 是一个指向文件名的字符串，该字符串由文件路径、文件名和文件扩展名构成，若不包含路径，则表示当前工作路径。假设"C:\windows\explorer.exe"（路径是 C:\windows，文件名为 explorer，扩展名为.exe）为待处理的文件，实际的 filename 字符串应为"C:\\windows\\explorer.exe"，因为'\'为转义字符。参数 mode 是文件打开模式字符串，表示文件以何种方式进行存取。常见的文件打开模式及其含义如表 10-1 所示。

表 10-1 常见的文件打开模式及其含义

模式	含义	说明
r	只读模式	以只读模式打开文件。若文件不存在则打开失败
w	只写模式	以写入方式打开文件。若文件存在，则清除原文件内容后写入；若文件不存在，则创建文件后写入
a	追加写入模式	以追加方式写入文件。若文件存在，则将文件读写指针移到文件末尾，在文件尾部追加写入；若文件不存在，则打开失败
r+	读写模式	以读写方式打开文件。在 r 模式的基础上增加写入功能，若文件不存在则打开失败

续表

模式	含义	说明
w+	读写模式	以读写方式打开文件。在 w 模式的基础上增加读取功能，若文件不存在则打开失败
a+	读写模式	以读写方式打开文件。在 a 模式的基础上增加读取功能，若文件不存在则打开失败
rb	二进制读模式	以二进制模式打开文件，其他与 r 模式相同（b 表示以二进制模式）
wb	二进制写模式	以二进制模式打开文件，其他与 w 模式相同
ab	二进制追加模式	以二进制模式打开文件，其他与 a 模式相同
rb+	二进制读写模式	以二进制模式打开文件，其他与 r+ 模式相同
wb+	二进制读写模式	以二进制模式打开文件，其他与 w+ 模式相同
ab+	二进制读写模式	以二进制模式打开文件，其他与 a+ 模式相同

10.2.3　文件的关闭

对文件的存取操作结束后，应及时将文件关闭以释放相关资源，同时避免由于意外导致的文件数据丢失等问题。关闭文件使用 fclose( )函数完成，其声明如下：

```
int fclose(FILE * stream);
```

其中，stream 是指向 FILE 结构体的文件指针，通常是 fopen( )函数打开文件后返回的指针。

fclose( )函数返回值为 0 表示完成关闭文件操作，返回非 0 值则表示文件关闭错误。下述代码段给出了文件打开和关闭的框架代码。

```
1   FILE *fp = NULL;
2   fp = fopen("example.c", "r");//替换为实际文件
3   if (fp == NULL){ printf ("打开文件失败!\n"); return -1; }
4   //文件读处理
5   fclose(fp);
```

使用 fopen( )函数后，通常需要判断文件是否打开成功。若文件打开失败，应停止后续处理过程，并根据导致文件打开失败的原因进行相应处理。

10.3　文件的读写

C 语言提供了一系列标准函数用于文件的读写操作。读写操作函数大致分为字符读写函数、字符串读写函数、格式化读写函数和数据块读写函数四大类。其中，字符读写函数、字符串读写函数和格式化读写函数通常用于文本文件处理，数据块读写函数则用于二进制文件处理。

10.3.1 feof( )函数

打开文件后，通常需要使用循环结构对文件中的数据进行处理，当到达文件结尾时退出处理流程。文件结束符是判断文件结尾的标志，C 语言中 EOF(End of File)和 Ctrl + Z 都表示文件结束符，EOF 用于判断输入文件结束标志，而 Ctrl + Z 则通常作为输入流结束标志。

EOF 并不是一个字符，而是 C 语言标准库中定义的宏，其替换字符串就是-1。Ctrl+Z 是一个字符，其 ASCII 值为 26，在一行的首部输入 Ctrl + Z 时将作为流结束的标志使用，否则将被作为字符使用。

feof( )函数用于检测流上的文件结束符，其声明如下：

```
int feof(FILE * stream);
```

其中，参数 stream 是一个指向 FILE 结构体的文件指针，通常是 fopen( )函数打开文件后返回的指针。

当检测到文件结束符时，函数返回非 0 值；未检测到文件结束符，则返回 0 值。

10.3.2 字符读写函数 fputc( )函数和 fgetc( )函数

fputc( )函数和 fgetc( )函数以字节为单位读写字符，每次可以处理一个字符。

1. fputc( )函数

fputc( )函数的功能是向文件指针所指向的文件中写入一个字符，其声明如下：

```
int fputc(int character, FILE *stream);
```

其中，character 为待写入的字符，stream 是一个指向 FILE 结构体的文件指针（通常是 fopen( )函数以写模式打开文件后返回的指针）。

当字符成功写入时，函数返回值为写入的字符值；若写入失败，则返回 EOF，同时设置 ferror 错误标志。

2. fgetc( )函数

fgetc( )函数的功能是从文件指针所指向的文件中读取一个字符，其声明如下：

```
int fgetc(FILE *stream);
```

其中，stream 是一个指向 FILE 结构体的文件指针。

函数执行成功时，返回读取字符的 ASCII 值（int 型）；读取失败时，返回 EOF，同时设置 ferror 错误标志。

在文件内部有一个保存当前读写位置的指针，该指针用来指示文件中当前的读写位置。打开文件时，读写位置指针指向文件的第一个字节。使用 fputc( )函数写入数据或使用 fgetc( )函数读取数据后，指针将向后移动一个字节。

例 10-1 将正在编辑的源程序文件备份。

假定正在编辑的源代码文件为"ex1001_file_copy1.c"，对该文件备份的思路如下：以读方式打开源文件，再以写方式创建备份文件；循环从源代码文件中读取每一个字符，读取的同时将该字符写入备份文件中；读取结束后将两个文件关闭。程序清单 10-1 给出了使用 fputc( )函数和 fgetc( )函数对源代码文件进行备份的示例代码。

```
程序清单 10-1              ex1001_file_copy1.c
1    FILE *fpr = NULL, *fpw = NULL;
2    int ch;
3    fpr = fopen("ex1001_file_copy1.c", "r");
4    fpw = fopen("ex1001_file_copy1.c.bak", "w");
5    if (fpr == NULL || fpw == NULL)
6    {   printf ("打开文件失败!\n");   return -1;   }
7    while((ch = fgetc(fpr)) != EOF)
8      fputc(ch, fpw);
9    fclose(fpr);
10   fclose(fpw);
```

10.3.3 字符串读写函数 fputs( )函数和 fgets( )函数

fputs( )函数和 fgets( )函数以字符串为单位对文件进行读写。

1. fputs( )函数

fputs( )函数用于向指定的文件中写入一个字符串，其声明如下：

```
int fputs(const char *str, FILE *stream);
```

其中，str 为待输出到文件的字符串，函数逐字符复制 str 的内容到文件中，直至遇到字符串结束标志'\0'为止，不复制'\0'；stream 是一个指向 FILE 结构体的文件指针。

函数执行成功时返回非负值；执行失败时返回 EOF，同时设置 ferror 错误标志。

2. fgets( )函数

fgets( )函数用于从指定的文件中读取若干字符到一个字符数组中，其声明如下：

```
char *fgets(char *str, int num, FILE *stream);
```

其中，str 通常为存放读取内容的字符数组，当遇到换行符、EOF 或达到 num-1 个字符时读取结束，读取结束后会自动添加字符串结束符'\0'到结尾；num 为待读取字符数；stream 是一个指向 FILE 结构体的文件指针。

函数执行成功时返回缓冲区地址 str，执行失败时返回 NULL。

例 10-2 将正在编辑的源程序文件添加行号后备份，再将备份文件显示到屏幕上。

解决本问题的思路如下：逐行读取源代码文件的同时计数；将计数值转换为行号字符串，将行号字符串、空格和读取到的字符串顺次写入备份文件，并同步输出到屏幕；读取结束后，将两个文件关闭。程序清单 10-2 给出了解决本问题的示例代码。

程序清单 10-2   ex1002_file_copy2.c

```
1   #include <stdio.h>
2   #include <stdlib.h>
3   #define MAX_CHAR 100
4   int main()
5   {
6    char str[MAX_CHAR], num_str[10];
7    int lines = 0;
8    FILE *fpr = fopen("ex1002_file_copy2.c", "r");
9    FILE *fpw = fopen("ex1002_file_copy2.c.bak", "w");
10   if (fpr == NULL || fpw == NULL)  return -1;
11   while(fgets(str, MAX_CHAR, fpr) != NULL)
12   {
13     lines++;  itoa(lines, num_str, 10);
14     fputs(num_str, fpw);  fputc(' ', fpw);  fputs(str, fpw);
15     printf("%s %s\n", num_str, str);
16   }
17   fclose(fpr);  fclose(fpw);
18   return 0;
19  }
```

程序清单 10-2 中使用了 stdlib.h 头文件中的 itoa( )函数，该函数的功能是将整数转换为字符串，其声明如下：

```
char *itoa(int value, char *str, int base);
```

其中，参数 value 为待转换的整数，参数 str 为保存转换结果的字符数组，参数 base 表示 value 对应的数制（变化范围是 2～36）。

10.3.4 格式化读写函数 fprintf( )函数和 fscanf( )函数

fprintf( )函数和 fscanf( )函数是格式化读写函数，函数的格式和功能与 printf( )函数和 scanf( )函数相似，只是二者的操作对象是文件。

1. fprintf( )函数

fprintf( )函数的声明如下：

```
int fprintf(FILE *stream, const char *format, ...);
```

其中，参数 stream 是一个指向 FILE 结构体的文件指针；其他参数与 printf( )函数相同。

函数执行成功时，返回总的写入字节数；执行失败时返回负数，同时设置 ferror 错误标志。

2. fscanf( )函数

fscanf( )函数的声明如下：

```
int fscanf(FILE *stream, const char *format, ...);
```

其中，stream 是一个指向 FILE 结构体的文件指针；其他参数与 scanf( )函数相同。

函数执行成功时，返回参数列表中被正确填充的参数个数。

例 10-3 将结构体数组中的学生信息写入文件，再将文件中的信息读出显示到屏幕上。

程序清单 10-3 给出了使用格式化读写函数的示例代码。

程序清单 10-3   ex1003_stuinfo_rw.c

```
1   #include <stdio.h>
2   #include <string.h>
3   #define MAX 4
4   struct born{ int y, m, d; };
5   struct student{ char name[20]; struct born birth; };
6   int main()
7   {
8     struct student stus2[MAX], stus[MAX] ={
9     {"stu7", {2000, 2, 29}}, {"stu2", {2000, 3, 29}},
10    {"stu3", {2002, 5, 28}}, {"stu1", {2001, 7, 23}}};
11    int i; char tmp;
12    FILE *fpr = NULL, *fpw = fopen("students.dat", "w");
13    for (i = 0; i < MAX - 1; i++)
14      fprintf(fpw, "%s %d-%d-%d\n", stus[i].name,
          stus[i].birth.y,stus[i].birth.m,stus[i].birth.d);
15    fprintf(fpw,"%s %d-%d-%d",stus[i].name,
          stus[i].birth.y,stus[i].birth.m,stus[i].birth.d);
16    fclose(fpw);
17    fpr = fopen("students.dat", "r");   i = 0;
18    while(!feof(fpr))
19    {
20      fscanf(fpr,"%s%d%c%d%c%d",stus2[i].name,
          &stus2[i].birth.y, &tmp, &stus2[i].birth.m,
          &tmp, &stus2[i].birth.d);
```

```
21        printf("%s %d-%d-%d\n",stus2[i].name,stus2[i].birth.y,
            stus2[i].birth.m, stus2[i].birth.d);
22        i++;
23    }
24    fclose(fpr);
25    return 0;
26 }
```

程序清单 10-3 中，fprintf( )函数将学生相关的各项信息写入文件 students.dat 中使用的格式控制字符串为 "%s %d-%d-%d\n"，其中日期格式为 "年-月-日"。for 循环的控制条件为 i < MAX_ELEMENT − 1，否则会额外多写入一个换行符。使用 fscanf( )函数进行格式化读取时，必须与写入格式匹配。因为写入时日期格式为 "年-月-日"，读取时需要过滤无用字符'-'。因此，添加了一个额外的辅助变量 char tmp，用于消除日期中的'-'符号。

10.3.5　数据块读写函数 fread( )函数和 fwrite( )函数

fread( )函数和 fwrite( )函数是数据块读写函数，通常用于二进制文件处理，数据多为数组和结构体等元素大小相同的记录形式。

1. fread( )函数

fread( )函数的功能是从文件中读取记录到指针所指向的存储地址，其声明如下：

```
size_t fread( void *ptr, size_t size, size_t count, FILE *stream);
```

其中，参数 ptr 指向待写入数据的存储地址，参数 size 为读取记录所占的字节数，参数 count 为待读取的记录数，参数 stream 是一个指向 FILE 结构体的文件指针。

fread( )函数的返回值为实际读取的数据块个数。

2. fwrite( )函数

fwrite( )函数的功能是向文件中写入一条记录，其声明如下：

```
size_t fwrite(const void *ptr, size_t size, size_t count, FILE *stream);
```

其中，参数 ptr 指向待写入数据的存储地址，参数 size 为写入记录所占的字节数，参数 count 为待写入的记录数，参数 stream 是一个指向 FILE 结构体的文件指针。

fwrite( )函数的返回值为实际写入的数据块个数。

例 10-4　使用数据块读写函数改写例 10-3。

程序清单 10-4 给出了改写后的示例代码。

程序清单 10-4　　　　　ex1004_stuinfo_rw_bin.c

```
1   int i;
2   FILE *fpr = NULL, *fpw = fopen("students.bin", "wb");
3   if (fpw == NULL)
4     return -1;
5   fwrite(stus,sizeof(struct student),MAX,fpw);  fclose(fpw);
6   fpr = fopen("students.bin", "rb");
7   if (fpr == NULL)
8     return -1;
9   fread(stus2,sizeof(struct student),MAX,fpr);  fclose(fpr);
10  for(i = 0; i < MAX; i++)
11    printf("%s %d-%d-%d\n", stus2[i].name, stus2[i].birth.y,
          stus2[i].birth.m, stus2[i].birth.d);
```

程序清单 10-4 中，需要注意文件打开模式为二进制模式。使用 fwrite( )函数和 fread( )函数对二进制文件 students.bin 进行一次写入和读取操作。

10.4　文件的读写定位

为了实现文件的随机读写，需要对文件中的读写位置指针进行设置和定位，将读写位置指针定位到需要读写位置后再进行读写操作。C 语言中，能够实现移动文件读写位置指针的标准函数主要有 rewind( )函数和 fseek( )函数。

1. rewind( )函数

rewind( )函数的功能是将文件读写位置指针移动到文件开头，其声明如下：

```
void rewind(FILE *stream);
```

其中，参数 stream 是一个指向 FILE 结构体的文件指针，通常是 fopen( )函数打开文件后返回的指针。

2. fseek( )函数

fseek( )函数的功能是根据参考位置和偏移量移动文件读写位置指针，其声明如下：

```
int fseek(FILE *stream, long int offset, int origin);
```

其中，参数 stream 是一个指向 FILE 结构体的文件指针，通常是 fopen( )函数打开文件后返回的指针；参数 offset 是以参考位置为基准的偏移量，即需要从参考位置移动的字节数，正数表示正向偏移（向文件尾方向），负数表示负向偏移（向文件头方向）；参数 origin 为参考位置，即从哪个位置开始计算 offset，如表 10-2 所示。

fseek( )函数执行成功返回 0，否则返回非 0 值。

表 10-2　fseek( )函数的参考位置参数

参考位置	符号常量	值
文件开头	SEEK__SET	0
当前位置	SEEK_CUR	1
文件末尾	SEEK_END	2

3. ftell( )函数

ftell( )函数的功能是返回当前文件指针所在位置（第 1 个字节位置为 0），其声明如下：

```
long int ftell(FILE *stream);
```

其中，参数 stream 是一个指向 FILE 结构体的文件指针，通常是 fopen( )函数打开文件后返回的指针。

ftell( )函数执行成功时返回文件读写位置指针所在位置，执行失败则返回-1。

10.5　文件处理相关的其他函数

除了前面介绍的常用文件处理函数外，还有一些函数在处理文件时可能需要用到，包括错误检测函数 ferror( )和错误标志清除函数 clearerr( )。

1. ferror( )函数

ferror( )函数用于检测文件操作是否出错，其声明如下：

```
int ferror(FILE *stream);
```

ferror( )函数用于检测针对文件指针 stream 所进行的最近一次文件操作是否出错，若返回 0 表示未出错，返回非 0 值则表示出错。每调用一次文件输入/输出操作，相关函数都会影响 ferror( )函数的值。因此，若要检查文件读写函数操作结果是否正确，应在函数执行完立即使用 ferror( )函数进行检测。

2. clearerr( )函数

clearerr( )函数用于复位流错误和流结束标志，其声明如下：

```
void clearerr(FILE *stream);
```

其中，参数 stream 是需要复位错误标志的流所对应的文件指针。

程序设计练习

1．编写程序，将用户从键盘输入的以'#'结束的字符序列以文本形式保存到磁盘文件"user_type1001.dat"中。

2．在第 1 题基础上，编写程序，读取"user_type1001.dat"文件中的所有内容，并将上述信息显示在屏幕上。

3．编写程序，将 m～n 范围内的素数以每行一个的方式输出到文本文件"primes1003.dat"中，同时将这些素数信息显示在屏幕上。

4．随机生成 100 个两位随机数序列，将该随机序列以每行一个的方式输出到文本文件"data1004.dat"中。

5．在第 2 题基础上，编写函数，读入"user_type1001.dat"文件中的内容，统计各字母（区分大小写）出现的频率，将频率信息显示到屏幕上。

6．编写函数，读取文本文件"data1008in.dat"的内容，将文件内容加密后输出到"data1008out.dat"文件中。加密时，若字符为字母（区分大小写），则将该字母变为其后第 4 个字母，字母构成一个循环序列。例如，字符'A'应变为'E'，而字符'z'应变为'd'，其他字符保持不变。

7．编写函数，完成以下要求：

（1）随机生成 10000 个两位随机正整数，将它们写入"score1009.dat"文件中；

（2）读取"score1009.dat"文件中的数据，统计各个数据的出现频率，将各个数据按出现的频率写入"score1009_freq.dat"文件中，每个数据信息占一行，格式为 number count；

（3）读取并显示"score1009_freq.dat"文件，将其中数据显示到屏幕上；

（4）在 main( )函数中对上述代码进行测试。

8．建立表示出生日期的结构体 born_date，表示职工信息的结构体 employee（姓名、性别、出生日期）。编写函数，完成以下要求：

（1）创建职工信息单链表，若存在"employee1010.dat"文件，则加载其中数据到职工信息单链表；

（2）将职工信息单链表输出到"employee1010.dat"文件中；

（3）在 main( )函数中对上述代码进行测试。

参 考 文 献

彼得・范德林登, 2008. C 专家编程[M]. 徐波, 译. 北京: 人民邮电出版社.

布莱恩・W. 克尼汉, 丹尼斯・M. 里奇, 2004. C 程序设计语言[M]. 徐宝文, 李志, 译. 2 版. 北京: 机械工业出版社.

冬瓜哥, 2019. 大话计算机: 计算机系统底层架构原理极限剖析[M]. 北京: 清华大学出版社.

胡凡, 曾磊, 2016. 算法笔记[M]. 北京: 机械工业出版社.

肯尼思・H. 罗森, 2019. 离散数学及其应用[M]. 徐六通, 杨娟, 吴斌, 译. 8 版. 北京: 机械工业出版社.

肯尼斯・里科, 2008. C 和指针[M]. 徐波, 译. 北京: 人民邮电出版社.

兰德尔・E. 布莱恩特, 大卫・R. 奥哈拉伦, 2016. 深入理解计算机系统（原书第 3 版）[M]. 龚奕利, 贺莲, 译. 北京: 机械工业出版社.

斯伯尔斯基, 2009. 软件随想录: 程序员部落酋长 Joel 谈软件[M]. 阮一峰, 译. 北京: 人民邮电出版社.

张银奎, 2018. 软件调试 第 2 版 卷 1: 硬件基础[M]. 北京: 人民邮电出版社.

张银奎, 2020. 软件调试 第 2 版 卷 2: Windows 平台调试[M]. 北京: 人民邮电出版社.

Thomas H.Cormen, Charles E.Leiserson, Ronald L.Rivest, 2013. 算法导论[M]. 殷建平, 徐云, 王刚, 等译. 3 版. 北京: 机械工业出版社.

W. 理查德・史蒂文斯, 比尔・苏纳, 安德鲁・M. 鲁道夫, 等, 2019. UNIX 网络编程 卷 1 套接字联网 API[M]. 3 版. 北京: 人民邮电出版社.

附录 A ASCII 表

表 A-1 中给出了各个 ASCII 值及其含义说明，其中 DEC 表示十进制码值，HEX 表示十六进制码值，CHAR 表示对应的字符。ASCII 表中，0~31 及 127 是控制字符或通信专用字符（共 33 个），ASCII 值 0、8、9、10、13 和 127 分别表示空（NUL）、退格（BS）、制表（HT）、换行（LF）、回车字符（CR）和删除（DEL）；32~126 是字符（共 95 个），其中 32 是空格，48~57 为阿拉伯数字 0~9，65~90 为 26 个英文大写字母，97~122 为 26 个英文小写字母，其余为一些标点符号、运算符号等。

表 A-1 ASCII 表

DEC	HEX	CHAR	DEC	HEX	CHAR	DEC	HEX	CHAR	DEC	HEX	CHAR
0	00	NUL	19	13	DC3	38	26	&	57	39	9
1	01	SOH	20	14	DC4	39	27	'	58	3a	:
2	02	STX	21	15	NAK	40	28	(	59	3b	;
3	03	ETX	22	16	SYN	41	29	)	60	3c	<
4	04	EOT	23	17	ETB	42	2a	*	61	3d	=
5	05	ENQ	24	18	CAN	43	2b	+	62	3e	>
6	06	ACK	25	19	EM	44	2c	,	63	3f	?
7	07	BELL	26	1a	SUB	45	2d	-	64	40	@
8	08	BS	27	1b	ESC	46	2e	.	65	41	A
9	09	HT	28	1c	FS	47	2f	/	66	42	B
10	0a	LF	29	1d	GS	48	30	0	67	43	C
11	0b	VT	30	1e	RS	49	31	1	68	44	D
12	0c	FF	31	1f	US	50	32	2	69	45	E
13	0d	CR	32	20	space	51	33	3	70	46	F
14	0e	SO	33	21	!	52	34	4	71	47	G
15	0f	SI	34	22	"	53	35	5	72	48	H
16	10	DLE	35	23	#	54	36	6	73	49	I
17	11	DC1	36	24	$	55	37	7	74	4a	J
18	12	DC2	37	25	%	56	38	8	75	4b	K

续表

DEC	HEX	CHAR	DEC	HEX	CHAR	DEC	HEX	CHAR	DEC	HEX	CHAR
76	4c	L	89	59	Y	102	66	f	115	73	s
77	4d	M	90	5a	Z	103	67	g	116	74	t
78	4e	N	91	5b	[	104	68	h	117	75	u
79	4f	O	92	5c	\	105	69	i	118	76	v
80	50	P	93	5d	}	106	6a	j	119	77	w
81	51	Q	94	5e	^	107	6b	k	120	78	x
82	52	R	95	5f	_	108	6c	l	121	79	y
83	53	S	96	60	`	109	6d	m	122	7a	z
84	54	T	97	61	a	110	6e	n	123	7b	{
85	55	U	98	62	b	111	6f	o	124	7c	|
86	56	V	99	63	c	112	70	p	125	7d	]
87	57	W	100	64	d	113	71	q	126	7e	~
88	58	X	101	65	e	114	72	r	127	7f	DEL

附录 B C 语言运算符的优先级及结合性

表 B-1 给出了 C 语言运算符优先级和结合性的说明及示例，并对从右到左结合性的特殊运算符加粗进行标明。

表 B-1 C 语言运算符优先级和结合性

优先级	运算符	名称	示例	结合性	目数
1	[]	数组下标	a[0]	从左到右	—
	()	圆括号	(a + b) * (a − b)		
	.	成员选择	student.score		
	->	指针成员选择	pstudent->score		
2	−	负号	b = −a	从右到左	单目运算符
	~	按位取反	b = ~a		
	++	自增	++a、a++		
	−−	自减	−−a、a−−		
	*	解引用	*a		
	&	取地址	&a、&b		
	!	逻辑非	!a、!b		
	（类型）	强制类型转换	(int) a		
	sizeof	求长度	sizeof(int)		
3	/	除	a / b、3 / 2	从左到右	双目运算符
	*	乘	2 * a		
	%	取余	n % 100 + 1		
4	+	加	a + b、3.2 + 5	从左到右	双目运算符
	−	减	a − b、3.2 − 5		
5	<<	左移	a << 1	从左到右	双目运算符
	>>	右移	a >> 1		
6	>	大于	exprA > exprB	从左到右	双目运算符
	>=	大于等于	exprA >= exprB		
	<	小于	exprA < exprB		
	<=	小于等于	exprA <= exprB		

续表

优先级	运算符	名称	示例	结合性	目数
7	==	等于	exprA == exprB	从左到右	双目运算符
	!=	不等于	exprA != exprB		
8	&	按位与	a & b	从左到右	双目运算符
9	^	按位异或	a ^ b	从左到右	双目运算符
10	|	按位或	a | b	从左到右	双目运算符
11	&&	逻辑与	exprA && exprB	从左到右	双目运算符
12	||	逻辑或	exprA || exprB	从左到右	双目运算符
13	?:	条件运算符	exprA ? exprB : exprC	从右到左	三目运算符
14	=	赋值及复合赋值	a = b、a += b、a <<= b	从右到左	—
15	,	逗号运算符	exprA、exprB	从左到右	—